MONOGRAPHIE ICONOGRAPHIQUE

DU GENRE

ANTHOPHORA Lat.

PAR M. LE Dr DOURS,

MEMBRE TITULAIRE DE LA SOCIÉTÉ LINNÉENNE DU NORD DE LA FRANCE

AMIENS,

Imprimerie LENOEL-HEROUART, rue des Rabuissons, 30.

1869

MONOGRAPHIE ICONOGRAPHIQUE

DU GENRE

ANTHOPHORA LAT.

©

MONOGRAPHIE ICONOGRAPHIQUE

DU GENRE

ANTHOPHORA Lat.

PAR M. LE Dr DOURS,

MEMBRE TITULAIRE DE LA SOCIÉTÉ LINNÉENNE DU NORD DE LA FRANCE.

AMIENS,
Imprimerie LENOEL-HEROUART, rue des Rabuissons 30.

—

1869.

(Extrait des Mémoires de la Société linnéenne du Nord de la France.)

MONOGRAPHIE ICONOGRAPHIQUE

DU GENRE

ANTHOPHORA, Lat.

Par M. le Dr DOURS,
Membre titulaire de la Société Linnéenne du Nord de la France.

———◦◦◦———

PRÉAMBULE.

Ce travail devait être publié avec la collaboration de M. le Dr J. Sichel ; — et, certes, sans la mort imprévue qui vient d'enlever l'illustre médecin aux sciences naturelles, j'aurais été heureux et fier d'être associé à cette nouvelle production du maître. Aujourd'hui, un scrupule qui sera compris de tous les Entomologistes vient m'assaillir. La *Monographie des Anthophores* que je livre à l'impression, sera-t-elle l'expression exacte de la pensée de mon savant ami, ou bien seulement le pâle reflet de ses nombreuses communications? On connaît les tendances de M. Sichel à ramener à des types

1

uniques une foule d'espèces décrites par différents auteurs
sous des noms divers, et qui pour lui ne représentent que
des variétés peu significatives dues au climat, à l'altitude...
Il suffit de lire ses recherches sur les *Sphecodes* et sur le
Bombus montanus pour se rendre compte de ce besoin de
synthèse qui portait l'illustre Entomologiste de Paris à
trouver non pas une analogie, mais bien une similitude
complète dans un grand nombre de prétendues espèces
qu'il croyait pouvoir réduire à un seul type en les étudiant
au moyen de séries nombreuses. Cette idée, je l'avoue, est
séduisante, mais on arrive vite à la confusion en la prati-
quant d'une manière absolue.

Les espèces, dans certains genres d'Hyménoptères, ne sont
pas très-tranchées. Il est par conséquent possible, en réu-
nissant de nombreuses séries, de faire rentrer successivement leurs caractères les uns dans les autres, et d'arriver
ainsi à ne constituer qu'une seule espèce représentée par
des milliers d'individus différant à peine par quelques signes
extérieurs. Mais outre que de semblables séries ne se rencontrent pas souvent dans les collections les plus riches, il
faut bien reconnaître qu'un vêtement à peu près pareil recouvre des individus tout-à-fait différents. Je n'en donnerai
qu'un exemple.

L'*Anthophora 4-fasciata*, de Vill., examinée sur des centaines
de sujets, vient, par gradations successives, s'identifier avec

l'*Albigena*, Lep. M. Sichel n'avait pas manqué d'englober cette dernière dans *A. 4-fasciata*, comme une variété à petite taille. L'*Albigena*, cependant, est bien distincte; on la trouve constamment avec son mâle. Quoique vivant côte à côte avec *4-fasciata*, on ne la capture jamais accouplée avec elle; et j'ai obtenu séparément les deux espèces d'éclosion, à Pontéba, sur les bords du Shéliff, dans la province d'Alger.

Je pourrais citer bien d'autres tentatives de réunion qui doivent, je crois, être repoussées et que j'aurai soin de signaler dans le cours de cette Monographie.

Ce sont ces divergences, sur lesquelles nous n'avons pas eu le temps de nous mettre d'accord, qui me décident à faire paraître cette étude sous mon nom seul, me réservant d'indiquer avec le soin le plus religieux les articles dont M. Sichel a fourni la rédaction. J'ajoute de suite que c'est grâce aux matériaux immenses qu'il avait accumulés, matériaux toujours généreusement mis à ma disposition, que cet opuscule a pu voir le jour.

NOTE.

L'étude des Hyménoptères n'est pas en grand honneur parmi les Entomologistes français. Cela tient peut-être, entre autres causes, à l'absence totale de livres élémentaires, indispensables aux commençants, et aux difficultés qu'on éprouve à se procurer ces insectes au moyen de chasses faites sans apprentissage. M. le Dr Sichel a publié, il y a quelques années, une notice destinée à faciliter la recherche des Hyménoptères. Je crois être agréable à mes collègues en la reproduisant en tête de ce travail.

GUIDE

DE LA

CHASSE DES HYMÉNOPTÈRES,

Par J. SICHEL.

[Extrait du *Guide de l'Amateur d'Insectes*, 1857, chez Deyrolle, naturaliste, rue de la Monnaie, 19, Paris.]

Les Hyménoptères constituent un des ordres les plus inté-ressants de la classe des insectes La grande variété de leurs formes, leurs mœurs extrêmement curieuses, leurs instincts plus développés que dans aucun autre ordre, et les impor-tantes considérations de zoologie générale et pratique dont ils peuvent devenir le sujet, donnent à leur étude un intérêt et un charme tout particuliers, qui vont en croissant à mesure qu'on s'en occupe.

Si, jusqu'ici, cet ordre a été presque délaissé par les amateurs, s'il n'a même été cultivé que par un petit nombre d'Entomologistes, cela tient à plusieurs raisons. C'est d'abord la crainte d'accidents. Les femelles d'une des grandes divi-sions des Hyménoptères, celles des *Porte-Aiguillon*, sont armées d'un aiguillon dont la piqûre est douloureuse. Elle est cependant facile à éviter, et nous aurons soin d'indiquer les précautions à l'aide desquelles elle devient très-rare. La douleur se dissipe d'ailleurs promptement, selon ses degrés, par la pression et la succion de l'endroit piqué, une friction un peu rude, des fomentations d'eau froide, l'application de quelques gouttes d'ammoniaque étendues d'eau ou, bien mieux, d'acide phénique pur, sans mélange d'alcool ou d'eau, moyens qui préviennent toute suite fâcheuse.

On devra toujours emporter à la chasse un petit flacon d'acide phénique, muni d'un bouchon en verre allongé en pointe, à l'aide duquel on porte facilement ce liquide sur les points les plus circonscrits. Ce flacon, pour l'empêcher de se casser, doit être renfermé dans une capsule en bois.

Une seconde raison est l'extérieur des Hyménoptères, en général moins attrayant que celui des Lépidoptères et des Coléoptères; mais cette raison n'est qu'apparente. Dès qu'on est un peu familiarisé avec cet ordre, on y découvre des espèces, des genres et même des familles entières, par exemple celle des *Chrysidides* (Guêpes dorées), qui, par la beauté et l'éclat de leurs couleurs, peuvent rivaliser avec les familles les plus brillantes des Coléoptères.

Une troisième raison, enfin, peut expliquer l'oubli immérité dans lequel cet ordre est resté jusqu'ici : c'est le manque d'un bon ouvrage, ni trop volumineux, ni trop superficiel, rendant possible et facilitant l'étude des familles et des genres, et donnant les diagnoses des espèces, tout au moins celle des espèces indigènes. Cet ouvrage est encore à faire; car celui de Lepeletier de Saint-Fargeau, œuvre d'un Hyménoptérologiste distingué, mais courbé sous le poids des années, des infirmités et des chagrins, est incomplet et défectueux sous tous les rapports, à l'exception de la quatrième partie, rédigée par M. Brullé, et formant un excellent *genera* des familles non décrites par Lepeletier. Ceux qui voudront se familiariser avec l'étude de cet ordre, feront bien de s'en tenir, pour le commencement, au *Règne animal* de Latreille, tome V; au *Manuel* de Boitard, tome III (extrait élémentaire du précédent ouvrage et de celui du même auteur sur les Crustacés et les Insectes), ou, s'ils peuvent se la procurer, à la partie des Hyménoptères de l'excellente *Introduction à la classification moderne des Insectes* (en anglais) de M. Westwood, dont il existe une traduction française.

La nature de ce petit travail ne nous permet pas d'entrer dans des détails sur les Hyménoptères, leur classification, leurs familles, etc. Disons seulement, pour ceux qui sont encore complètement étrangers à cet ordre, qu'on appelle ainsi les insectes semblables aux Abeilles, aux Bourdons, aux Guêpes et aux Fourmis, et dont les principaux caractères sont les suivants :

Quatre *ailes* membraneuses, ayant des veines peu nombreuses, mais très-régulièrement disposées, de manière à constituer des cellules très-aptes à concourir à la formation d'importants caractères génériques.

Organes de la bouche composés généralement de mandibules cornées, d'une lèvre supérieure ou labre, de mâchoires avec leurs palpes maxillaires, et d'une lèvre inférieure ou labre, avec ses palpes labiaux, organes formant par leur ensemble une espèce de fausse trompe, rétractée dans l'état du repos, mais capable de s'allonger.

Extrémité postérieure de l'abdomen munie, dans l'une des grandes divisions (*Terebrantia, Porte-Tarière*), d'une *tarière* ou oviscapte, servant uniquement à déposer les œufs sur ou dans les matières organiques au milieu desquelles ils doivent éclore; et, dans l'autre grande division (*Aculeata, Porte-Aiguillon*), même extrémité postérieure de l'abdomen munie d'un *aiguillon* servant en même temps d'oviscapte et d'arme offensive et défensive.

Deux *sexes*, des mâles ($\male$) et des femelles ($\female$); et, dans certaines familles sociales et nidifiantes, comme les gentes

Abeille (*Apis*) et *Bourdon* (*Bombus*), les familles des *Guêpes* (*Vespidæ*) et des *Fourmis* (*Formicidæ*), un troisième sexe, des neutres ou ouvrières (☿), ou, en réalité, une simple modification des femelles, consistant dans l'atrophie des ovaires, ce qui les prive de la faculté d'être fécondées, sans leur ôter l'instinct de la nidification et des soins à donner à la progéniture des femelles fécondes.

Six *pattes*, dont la dernière paire reçoit d'importantes modifications dans les femelles et les ouvrières de certains genres sociaux nidifiants (*Abeille* et *Bourdon*) et dans d'autres genres.

Métamorphose complète; larves vermiformes et apodes (sans pieds), à l'exception d'une grande famille, celle des *Tenthrédonides* (mouche à scie), dont les larves sont munies de pieds et ressemblent beaucoup aux Chenilles des Lépidoptères; aussi ont-elles reçu le nom de *Fausses-Chenilles*.

CHASSE DES HYMÉNOPTÈRES.

Elle se fait autrement que celle des Coléoptères; elle a plus de rapports avec celle des Lépidoptères, dont cependant elle diffère encore considérablement. Beaucoup d'Hyménoptères nichent dans la terre ou le sable (ce que les Lépidoptères, à l'état parfait, ne font jamais), ou vivent sur le sable, où l'on ne trouve pas de Lépidoptères et seulement un certain nombre d'autres insectes. En outre, on les rencontre sur les fleurs, et presque toujours au soleil. C'est donc principalement au soleil qu'il faut les chasser, soit sur les terrains couverts de fleurs, soit, du côté du midi, sur des talus en pente formés de terre un peu aride ou sur de vieux murs. Lorsque, dans ces sortes de terrain et dans ces murs, on voit de nombreux trous assez profonds et ayant de 4 à 10 millimètres de diamètre, on est sûr d'avoir rencontré le gîte d'une multitude d'Hyménoptères et souvent leurs colonies avec leurs métropoles. On n'en trouve pas quand les murs sont peu anciens, unis, sans fentes ni trous ; exceptionnellement, il y a quelques Chrysis et quelques autres Hyménoptères, au soleil, sur les murs blancs et unis. Les terrains trop fermes, trop calcaires, trop pierreux ou trop meubles sont également stériles pour la chasse aux Hyménoptères, si ce n'est qu'on rencontre des Mutilles et certains Fouisseurs sur le sable même meuble, lorsque les autres conditions existent, c'est-à-dire au soleil et dans le voisinage de fleurs ou de colonies de ces insectes.

L'instrument le meilleur pour la chasse des Hyménoptères, celui qui doit être employé le plus ordinairement, est le filet. Il est semblable à celui pour les Lépidoptères ; mais le sac, en gaze ou en crêpe, doit être un peu plus court. Outre ce filet en gaze, il en faut un autre en toile et une pince à raquette.

C'est sur les fleurs, au soleil, qu'on trouve le plus grand nombre d'Hyménoptères. On fait les chasses les plus abondantes, au printemps, sur les chatons des saules, en été et en automne, sur les Labiées, les Carduacées, les Ombellifères, pour ne citer que les familles les plus habituellement fréquentées par ces insectes. D'autres fleurs sont spéciales à des groupes ou des genres divers. Les espèces indigènes du genre *Reseda*, le Réséda sauvage (*Reseda lutea*) et la Gaude (*Reseda luteola*), sont le séjour habituel d'une infinité d'Hyménoptères. Un genre de la famille des *Siricides*, les *Cephus* (mouches à scie du blé), attaque les graminées et même les céréales. Sur les fleurs, l'herbe et les feuilles des plantes non épineuses, on chasse avec le filet en gaze, absolument comme pour les Lépidoptères, mais avec quelques précautions qu'il convient d'indiquer.

Il ne serait pas sans inconvénient, en capturant les Hyménoptères, de ne pas tenir compte de leur nombre et de leur position dans le filet. Sur les Ombellifères, par exemple, ils sont souvent tellement nombreux que, malgré soi, on en remplit le filet, et qu'en voulant le vider sans précaution, on se fait piquer d'autant plus fort qu'on est moins sur ses gardes. Il faut donc soigneusement examiner le filet après chaque coup, l'assujettir et le fermer de manière qu'aucun insecte ne puisse s'échapper; enfin, expulser les insectes inutiles, surtout les Hyménoptères communs, tels que les Abeilles des ruches, les Guêpes des espèces communes, etc., qui ne servent qu'à gêner et à exposer à des piqûres. Quant aux insectes qu'on veut garder, il faut les réunir dans un coin du filet. La meilleure manière de faire, c'est d'appuyer le bout du manche à terre, le cercle de fer contre un mur, contre la boîte de chasse ou contre la poitrine, et d'élever d'une main, aussi haut qu'on le peut, le fond du filet, en serrant et fermant de l'autre la base de celui-ci tout autour; les insectes remontent alors dans le fond. En les suivant avec l'autre main depuis la base jusqu'au fond et en resserrant toujours le filet au-dessous d'eux, on finit par les emprisonner dans le coin supérieur qu'on tend alors, avec les deux mains en sens inverse, contre un mur, contre la terre ou la boîte de chasse. Selon qu'on veut piquer les insectes sur place ou les tuer dans de la vapeur d'éther ou dans celle de chloroforme, pour les piquer à l'aise à la maison, il faut procéder d'une manière différente; voici comment.

Tous les insectes poilus, et tous ceux d'un volume trop considérable pour être introduits dans un flacon à goulot étroit, doivent être piqués sur place. Après avoir tendu le filet avec les deux mains en sens opposé, comme nous venons de le dire, on augmente cette tension de manière à

rendre immobile l'insecte qu'on veut piquer, et on lui trans-
perce le milieu du corselet de part en part avec l'épingle,
de façon que celle-ci, du côté de sa tête, ne le dépasse plus
que d'un tiers ou d'un quart de sa longueur. Si l'on a placé
le filet à terre, ce qui en général est plus commode et plus
sûr, il est bon de faire entrer la pointe de l'épingle dans le
sol, pour rendre l'insecte immobile et l'empêcher de se dé-
gager. Toutes ces précautions minutieuses ne doivent pas
être négligées, si l'on ne veut pas souvent voir un gros
Hyménoptère, tel qu'un Bourdon ou un Frelon, s'envoler
déjà piqué, en emportant l'épingle et en ne laissant pour
souvenir qu'une piqûre douloureuse. Après que tous les
insectes volumineux ou poilus sont piqués, on les retire
avec précaution, en faisant traverser à la tête de l'épingle
le tissu du filet. Quand il n'y a plus dans celui-ci que les
insectes piqués, on les dégage facilement en le retournant.
Lorsqu'il y en a d'autres, il faut d'abord, de la manière que
nous avons indiquée, les faire remonter dans l'extrémité
supérieure du filet, la replier et la fermer soigneusement
avec des épingles, afin d'empêcher les insectes de redes-
cendre, puis retourner la partie inférieure pour la vider.
Pour éviter ces embarras et les piqûres auxquelles on est
toujours exposé quand le filet contient à la fois beaucoup
d'Hyménoptères, insectes vifs, agiles et qui changent conti-
nuellement de place sans qu'on y puisse toujours faire attention, il vaut beaucoup mieux le vider après chaque coup, et
ne prendre à la fois qu'un seul insecte ou un petit nombre.

Les Hyménoptères glabres, c'est-à-dire entièrement sans
poils, tels que les *Vespides* (la famille qui contient les
Guêpes), les *Fouisseurs* (Hyménoptères creusant la terre
pour faire leur nid, comme les Pompiles, les Crabrons, etc.),
les *Formicides* (toutes les Fourmis), peuvent être recueillis

dans un flacon bouché à l'émeri, comme les Coléoptères ; mais ce flacon doit avoir un goulot assez étroit, sans quoi la plupart des Hyménoptères en ressortiraient et s'envoleraient. On remplit ce flacon d'étroites bandes de papier fin, et l'on y verse, pour la capacité d'à peine un demi-verre d'eau, dix à douze gouttes d'éther ou de chloroforme, dont la vapeur rend les insectes insensibles et les tue si le flacon n'a pas été ouvert au bout d'une heure. Comme chaque fois qu'on ôte le bouchon il s'échappe une certaine quantité de vapeur d'éther ou de chloroforme, il faut emporter à la chasse plusieurs flacons semblables et une petite quantité d'éther ou de chloroforme de réserve, pour en verser de nouveau dans le flacon de chasse lorsqu'il n'en contient plus assez, chose qu'on reconnaît facilement à ce que les insectes restent trop longtemps sans devenir immobiles, tandis qu'ils le deviennent promptement et presque instantanément tant qu'il y a la quantité voulue de vapeur d'éther ou de chloroforme.

Pour faire entrer les insectes dans le flacon, on le débouche et on l'introduit dans le filet jusqu'à l'extrémité supérieure de celui-ci, qu'on soulève un peu. On dirige les insectes sur l'embouchure, au-dessus de laquelle on tend et on ferme le filet à l'aide de la main libre, le manche étant appuyé à terre. On donne par-dessus le filet quelques légers coups de doigts sur l'embouchure, afin de faire descendre l'insecte dans le flacon, où il devient promptement insensibles, si on a la précaution de boucher immédiatement l'ouverture.

Quand un des insectes ne descend pas assez vite au fond du flacon, on n'a qu'à retourner celui-ci après l'avoir bouché : l'insecte remonte alors vers le fond.

En remettant de temps à autre quelques gouttes d'éther

dans le flacon, et en le fermant exactement chaque fois, les insectes qu'il contient meurent promptement; si non, on ajoute de nouveau quelques gouttes d'éther à la fin de la chasse, et on tient le flacon bien bouché pendant une demi-heure ou une heure; au bout de ce temps, tous les insectes sont morts. Quant à ceux piqués par les épingles, on peut les tuer, s'ils ne meurent pas promptement, soit en chauffant fortement la tête de l'épingle, après avoir fait passer celle-ci à travers le trou d'un carton ou d'une planchette, afin que la chaleur n'agisse pas sur l'insecte lui-même, soit en portant avec la pointe d'une épingle une quantité minime de nicotine sur la bouche de l'insecte.

La chasse la plus habituelle et la plus fructueuse des Hyménoptères se fait donc au soleil et sur les fleurs, où la manière de les prendre est la même que pour les Lépidoptères. Mais leur chasse sur les fleurs n'est pas la plus instructive, parce qu'on y trouve plus rarement les différents sexes d'une même espèce réunis, et parce que dans certaines famille, l'un des sexes étant aptère, c'est-à-dire privé d'ailes (les neutres ou ouvrières chez les Formicides, les femelles chez les Mutillides et chez les Pezomachus, groupe des *Ichneumonides*), ce sexe ne se rencontre qu'exceptionnellement sur les fleurs. Pour trouver ensemble les différents sexes des mêmes espèces, il faut chercher les *nids* des Hyménoptères. On les trouve, comme nous l'avons déjà dit, sur le sable, la terre ferme et un peu aride, les vieux murs, sous la mousse et les pierres, etc., au grand soleil et du côté du midi. Cette chasse ne se fait plus en fauchant, mais en posant le filet à terre ou contre le mur, rapidement et à plat, au moment où les insectes sont sur le point d'entrer dans leur nid, ou en les prenant au vol près de celui-ci. Elle n'est pas facile, à cause de la difficulté qu'on a d'appliquer le filet assez rapidement et assez à plat sans casser l'anneau, et à cause de l'extrême agilité avec laquelle les insectes de certaines familles, comme par exemple les *Pompilides*, les *Larrides*, s'échappent latéralement sous les bords du filet, ou pénètrent dans la terre ou dans le mur dès qu'ils se trouvent à l'entrée de leur nid. Cette chasse toute spéciale s'apprend mieux par l'expérience et par l'exercice; comme elle use beaucoup les filets, il est toujours utile, surtout lorsqu'on fait une excursion un peu lointaine, d'emporter un filet de rechange, ou du moins du fil de fer pour raccommoder l'anneau s'il se casse, et une aiguille avec de la soie pour fermer les trous du filet. Disons une fois pour toutes qu'avant le premier coup de filet il faut soigneusement examiner s'il n'y a pas dans le voisinage, cachées sous des herbes et des branches inoffensives, quelques ronces, ennemies acharnées et véritable fléau des filets et de la chasse. Pour chasser sur les ronces mêmes, il faut se servir soit de la pince à raquette, soit du filet à sac de toile.

La chasse près des nids n'offre aucun danger quand il s'agit des Hyménoptères solitaires, dont chaque individu a son nid isolé et ne s'occupe pas de son voisin. Lors même qu'on en trouve de grandes colonies, on n'a à se préoccuper que des individus auxquels on donne directement la chasse; car entre ces insectes il n'existe pas la communauté d'intérêts et d'instincts guerriers qui rendent si redoutables les habitants d'un nid d'Hyménoptères sociaux. On rencontre quelquefois des colonies très-nombreuses d'Hyménoptères nidifiants solitaires, tels que d'Andrènes, de Sphécodes, d'Anthophores, de Cerceris, de Philantes, et on peut les prendre en masse sans la moindre crainte. Il en est autrement des Hyménoptères sociaux, tels que les Bourdons (*Bombus*) et les Guêpes (les différentes espèces du genre

Vespa, et surtout le géant des espèces indigènes, le Frelon, *Vespa crabro*), dont la taille, l'aiguillon et les habitudes guerrières et vindicatives rendent la chasse dangereuse près des nids, si l'on ne prend certaines précautions que je vais indiquer.

Il faut se placer à quelque distance du nid, et ne chasser que les individus isolés ou les petits groupes de deux à quatre individus, sans donner aucun coup de filet vers les troupes plus considérables qui quelquefois s'accumulent près du nid ou à son orifice, et qui souvent se jettent sur le chasseur avec l'intention non douteuse de punir son attentat contre la colonie. Si l'on veut simplement observer leurs mœurs, il faut se tenir entièrement immobile; les insectes alors, pourvu qu'on ne soit pas directement devant l'orifice du nid, de manière à en barrer le chemin, ne font pas attention à l'observateur. Veut-on prendre le nid tout entier, ce qui se fait le mieux, lorsque la plupart de ses habitants sont rentrés, pendant la nuit et à l'aide d'une lanterne ; on observe d'abord, pendant le jour, la direction que les insectes prennent après être entrés dans l'orifice; car entre celui-ci et l'entrée véritable du nid (quand il s'agit des nids souterrains, les plus fréquents), il y a toujours une espèce de conduit ou de chemin, quelquefois multiple. C'est la direction de ce conduit qu'il faut avant tout bien étudier. Pour s'emparer du nid, on saisit d'abord, à l'aide d'une longue pince, une large pelote de ouate ou d'étoupe fortement imbibée d'éther ou de chloroforme, et on l'introduit tout le long du conduit jusqu'à ce qu'on soit arrêté par une résistance. On retire rapidement la pince, et on pousse de la même manière une seconde pelote imbibée d'éther ou de chloroforme, puis on bourre tout le conduit de ouate, d'étoupe ou de chiffons. Au bout d'une demi-heure environ, après avoir pris successivement avec le filet tous les insectes isolés qui sont venus pour rentrer pendant et après l'opération, et dont le nombre est très-grand dans la journée, on commence à travailler à l'aide de la pioche et de la pelle (ou simplement à l'aide d'un fort couteau, lorsqu'il s'agit d'un nid petit et situé peu profondément), toujours avec beaucoup de précaution, de manière à ne pas endommager le nid, ni ouvrir une issue à ceux de ses habitants qui ne seraient pas complètement engourdis. Lorsque le nid est dégagé, on trouve d'ordinaire, dans la cavité qu'il occupait, un très-grand nombre de ses habitants engourdis. On les enlève à l'aide de la pince, et on a toujours tout prêt un filet, pour le cas où un certain nombre des insectes n'aurait pas été atteint par la vapeur d'éther. On emporte le nid dans une grande boîte, dont deux des parois au moins sont formées de toile métallique. Un garde-manger peut très-bien servir à cet usage.

A la campagne, il est plus facile de les élever et d'obtenir leurs parasites (les *Mutilles* pour les *Bourdons*, le *Metoecus paradoxus* pour la *Vespa germanica*, etc.). On n'a qu'à laisser le nid fermé d'abord et à pourvoir aux besoins de ses habitants; au bout de quelques jours, on le laisse ouvert. Les insectes, alors, prennent eux-mêmes soin de leur subsistance et rentrent régulièrement dans le nid. Vers l'époque de l'éclosion des parasites, il faut fermer le nid jusqu'à ce qu'on les ait recueillis. En ville, on laisse le nid constamment fermé, en renouvelant journellement la nourriture de ses habitants et en n'oubliant pas de leur donner de l'eau, sans laquelle ils meurent promptement.

La chasse au filet en gaze est difficile sur les ronces, sur les chardons, sur tous les végétaux épineux, et même sur ceux qui ont simplement des branches trop fortes et trop nombreuses. Là on se sert de la pince à raquette et du filet en toile.

La pince à raquette est la même que pour les Lépidoptères; son usage exige une certaine habitude, surtout quand il s'agit de chasser sur les chardons, dont il faut éviter de saisir les fleurs ou capitules, parce qu'elles empêchent les branches de l'instrument de se rapprocher, et qu'elles permettent à l'insecte pris de s'échapper. Il faut aussi que les raquettes soient couvertes, non de gaze ou de tulle comme pour les Lépidoptères, mais d'une toile métallique assez forte pour immobiliser les gros Hyménoptères si vifs et si vigoureux, et percées de mailles ou de trous assez larges pour que la tête des plus grosses épingles puisse pénétrer facilement au travers, sans quoi on aurait la plus grande difficulté à fixer les insectes, et l'on s'exposerait à en perdre la plupart et à être fréquemment piqué.

Les Tenthrédonides, les Siricides, les Ichneumonides, les Cynipides se trouvent en grand nombre sur les fougères, les feuilles des arbres et des arbustes, et même sur leurs branches et sur leurs troncs. Les Tenthrédonides s'y trouvent même, au printemps, avant que les feuilles aient poussé. Il faut les y faucher avec le filet en toile : le filet en gaze s'userait et se déchirerait trop vite. Toutes les fois que le filet en toile est rempli, on en tourne le fond en bas et on l'ouvre, après avoir couvert son anneau avec l'ouverture d'un filet en gaze dont on tient le sac tendu de bas en haut. De cette manière, les Hyménoptères remontent et se réunissent dans l'extrémité supérieure du sac en gaze, où on les isole pour les prendre de la manière indiquée ci-dessus. Pendant qu'on vide le filet en gaze, on referme soigneusement le filet en toile pour l'examiner de nouveau plus tard et y prendre les insectes qui y seraient restés. Outre les

2

Hyménoptères, on capture ainsi beaucoup de Coléoptères, d'Hémiptères, de Névroptères, etc.

Un très-grand nombre d'Hyménoptères peuvent aussi être pris sur des nappes et des serviettes tendues sous les arbres et les buissons qu'on bat à l'aide d'un parapluie ou du Thérentome de M. de Graslin. Il faut seulement qu'une ou deux personnes s'occupent exclusivement de ramasser les Hyménoptères, ou de les saisir à l'aide du filet en gaze et de la pince à requête, tandis que les autres recueillent les autres ordres. Lorsqu'on a terminé la chasse au soleil, on trouve encore à l'ombre, par les journées chaudes, de nombreux Hyménoptères, en fauchant sur toute espèce d'arbres, d'arbustes, de fleurs et d'herbes, ou en battant les premiers.

On se procure quantité d'autres Hyménoptères en fouillant les mousses, les herbes courtes, les feuilles sèches, en retournant les pierres, en cherchant sur les terrains sablonneux et arides, surtout au soleil. On réunit ainsi beaucoup de Mutillaires, de Formicides, de Proctotrupides, etc.

Tout le monde sait que, pour observer et chasser les Fourmis et toute la famille des Formicides, il faut aller à la recherche des fourmilières, comme pour les Coléoptères qui y vivent. Ajoutons encore que les Fourmis aptères, qui forment la masse des fourmilières, sont des neutres ou ouvrières, et que les mâles et les femelles, ailés, ne volent que vers l'époque de l'accouplement; qu'il faut donc tâcher de connaître cette époque (qui tombe le plus ordinairement au milieu de l'été) et de trouver ces deux sexes, en examinant souvent les fourmilières qu'on a découvertes.

Une chasse qu'il faut encore signaler, c'est celle sur les arbres coupés, surtout sur les bûches de chêne régulièrement entassées, dans les bois et les campagnes, ou même dans les chantiers. Sur ces monceaux de bois, le mode de chasse est le même que sur les murs : on y trouve de grands nombres d'Osmites, de Chrysidides, d'Odynères, de Pemphrédonides, de Braconides, d'Ichneumonides, surtout du groupe des *Xorides* (genres *Xorides* et *Xylonomus*), ainsi que de nombreux Coléoptères, dont ces Braconides et ces Ichneumonides sont les parasites. Il est à remarquer que, sur les bûches de bouleau, on ne rencontre jamais aucun Hyménoptère, pas même un Ichneumon, probablement parce que le nombre des Coléoptères qui nichent dans les troncs de bouleau est minime, tandis que dans ceux de chêne il est très-grand.

Il y a encore beaucoup d'autres manières de se procurer des Hyménoptères. On élève et on fait éclore les chenilles et les cocons des Tenthrédonides, absolument comme on le fait pour les Lépidoptères; les galles de certaines plantes, telles que le chêne et les rosiers pour les *Cynipides*, l'ajonc pour les *Chalcidites*; les parasites des Lépidoptères (*Ichneumonides*), qu'on obtient d'éclosion en élevant des chenilles. En conservant des morceaux et des détritus de vieux bois, on peut se procurer un nombre considérable d'Hyménoptères qui y nichent (*Osmites, Siricides, Sapyga*, etc.). En collectionnant au printemps et en automne des tiges de ronces, on aura au commencement de l'été ou au printemps suivant des éclosions de plusieurs espèces de *Ceratina*, d'*Osmia* et d'autres genres. En fouillant au printemps et en automne dans les feuilles mortes et les mousses, on trouve des Ichneumonides qui s'y sont cachés. Après les inondations, le sable des rivages fournit aussi quelques Hyménoptères; mais, endommagés par l'humidité, ils sont rarement en assez bon état pour pouvoir être incorporés dans une collection.

Il y aurait encore d'autres détails à donner sur la chasse et l'étude des Hyménoptères; mais l'espace nous manque pour le faire, et ce que nous en avons dit peut suffire comme introduction pratique. Ajoutons seulement que les Hyménoptères trop peu volumineux pour pouvoir être piqués, doivent être collés à la pointe de petits morceaux de papier ferme ou de carte, ou mieux sur des paillettes de mica. Il faut mettre le moins de colle possible, afin de ne cacher sous cet enduit aucun détail important pour la description de l'espèce. En général, il ne faut coller que les insectes qu'il est impossible de piquer. Des Hyménoptères d'un volume en apparence minime se laissent encore piquer avec du fil d'argent mince sur de petits carrés de moelle de sureau, qu'on fixe eux-mêmes dans les boîtes à l'aide d'épingles.

Pour recueillir ces espèces minimes (*Micryménoptères* ou *Microhyménoptères*), il est bon d'emporter des tubes en verre un peu épais, longs de 4 centimètres, remplis de très-étroites bandes de papier, et dans chacun desquels on met une à deux gouttes d'éther ou de chloroforme.

DESCRIPTION DU GENRE ANTHOPHORA.

Le genre *Anthophora* est un des plus naturels de l'ordre des Hyménoptères. Ses caractères buccaux et alaires lui assignent des limites parfaitement tranchées. Abondamment répandus dans les cinq parties du monde, ses représentants sont pourtant plus nombreux dans les régions chaudes du nouveau et de l'ancien continent. On pourrait presque dire que c'est un genre essentiellement européen, puisque, parmi les espèces décrites dans cette Monographie, un tiers environ habite exclusivement le littoral de la Méditerranée, un autre tiers l'Europe centrale et septentrionale.

Les *Anthophores* se rencontrent dès les premiers beaux jours du printemps butinant indistinctement sur toutes les fleurs des labiées, sur les *Lamium* et les *Ajuga* principalement. Quelques-unes, toutefois, fréquentent avec plus de prédilection les mêmes espèces de plantes. Ainsi, l'*Anthophora femorata* reste fidèle à l'*Echium vulgare;* l'*Anthophora furcata* compose sa pâtée sur la *Melissa officinalis;* l'*Anthophora mixta* visite exclusivement les différentes espèces de *Stachys*, le *Stachys hirta* surtout.

En Algérie, où les labiées printanières sont rares, les *Anthophores* se fixent sur l'*Asphodelus ramosus*, qui couvre de ses nombreux panicules les plaines incultes de notre colonie.

Toutes les *Anthophores*, à l'exception de l'*Anthophora furcata*, qui niche dans l'intérieur du bois (1), confient leur

(1) Kirby, Mon. Ap. Angl., t. ii, p. 290.

postérité à la terre. Elles construisent leurs nids soit sur les vieux murs dont elles minent le mortier, soit sur les rideaux escarpés formés par un terrain sablonneux. Ces nids sont constitués dans l'intérieur du sol par un tuyau cylindrique divisé en cellules plus ou moins longues par des cloisons minces formées au moyen de détritus terreux et calcaires amalgamés entre eux à l'aide d'un suc particulier sécrété par la femelle. Les parois de ce tuyau sont unies et assez lisses pour qu'aucune aspérité ne puisse blesser la larve, qui, éclose d'un œuf, doit y séjourner dix à onze mois en partie sous cette forme, en partie sous celle de nymphe.

Chaque nid contient, d'après Lepeletier de Saint-Fargeau, au plus une vingtaine de cellules. Dans celui de l'*Anthophora personata*, que j'ai souvent observé en automne, par conséquent après les derniers travaux de la femelle, je n'ai jamais trouvé plus de cinq cellules, souvent trois seulement. L'*Anthophora dispar* dépose dans chaque tuyau onze œufs au plus, séparés par autant de cloisons.

Le passage de l'état de larve à celui de nymphe se fait sans que la première ait besoin de se filer une coque. L'*Anthophore*, sortie de sa dépouille de nymphe, attaque et détache la cloison avec ses mandibules unidentées, sort de son berceau isolé, faible, molle, ne pouvant prendre son vol qu'après avoir, pendant quelque temps, ressenti l'action tonique des rayons du soleil.

L'*Anthophora parietina* offre cette particularité curieuse de faire précéder la portion souterraine de son nid d'un tuyau externe longuement recourbé et formé de petits grains de sable agglutinés. Cette disposition, semblable à celle qu'on remarque chez l'*Odynerus parietum*, est certainement un indice qui trahit les soucis de la mère pour sa future postérité. Malgré cette précaution, l'*Anthophora parietina* est

la proie d'une foule d'ennemis. J'ai sous les yeux un frag-
ment de muraille occupé par deux nids de cette espèce,
visités, furetés par le *Chrysis ignita*, les *Cœlioxis conica*, *C.*
rufescens, les *Melecta punctata*, *M. aterrima*, par des *Anthrax*,
qui, se reposant sur la cheminée externe du nid, peuvent à
bon droit être considérés comme les parasites de cette
Anthophora.

Mais ce ne sont pas là les seuls ennemis du genre. Il faut
lire dans le **21e** volume des Transactions Linnéennes, de
Londres, le mémoire de M. Newport, concernant un parasite
de l'*Anthophora retusa*, l'*Anthophorabia retusa*, qui n'est
autre que la *Melittobia Audouini* Westwood. Cette *Eulophide*
se rencontre fréquemment dans les nids des *Anthophora*
avec la *Melittobia acasta*, le *Monodontomerus nitidus*, dont les
femelles pondent jusqu'à cent œufs sur une même larve (1).
D'après Latreille (observations sur l'Abeille pariétine, *in*
Annales du Muséum d'Histoire naturelle, t. iii, p. 259,
anno 1804), diverses espèces de *Malachius*, de *Dermestes*, la
Necydalis humeralis, la *Scolia 5-punctata*, devraient être
rangés parmi les parasites ou les ennemis des *Anthophora*.
Mais leurs plus grands destructeurs sont sans contredit les
forficules qui, lorsqu'elles parviennent à s'introduire dans
leurs nids, ravagent tout, dévorant larves, nymphes, insectes
parfaits.

Les mâles d'un grand nombre d'*Anthophora* se différen-
cient de leurs femelles par la structure des pattes. Tantôt
les tarses intermédiaires sont ciliés, garnis de poils longs
sur le premier ou le dernier article; d'autrefois les cuisses
sont renflées, armées de plaques, d'apophyses, d'épines qui

---

(1) Consulter *in* Annales de la Société Ent., 1869, 2e trimestre,
une note de M. le Dr Giraud.

sont autant de précieux caractères pour la diagnose des espèces. Malheureusement, ces caractères ne peuvent servir à établir des coupes naturelles; ils sont l'apanage exclusif des mâles, et rien dans la femelle ne dénote *à priori* la légimité des deux sexes. Il faut obtenir les espèces, ou bien en les faisant éclore chez soi, ou bien en les surprenant *in copulá*.

Bien que les *Anthophora* décrites dans cette Monographie ne soient pas très-nombreuses, il m'a paru utile de les grouper de la manière suivante, dans le but d'arriver à leur prompte et facile détermination.

♀ Face tachetée de blanc, ou de jaune, ou de ferrugineux.   Divis. 1.

♀ Face noire, immaculée.   Divis. 2.

♂ Pattes simples, sans cils.   Subdivis. 1.

♂ Pattes intermédiaires garnies de cils. Subdivis. 2.

♂ Pattes renflées, armées d'épines, de plaques, d'apophyses   Subdivis. 3.

Dans ces derniers temps, M. F. Smith a introduit un genre nouveau parmi les *Anthophora*, le genre *Habropoda*, très-bien caractérisé, comme je l'indiquerai plus bas et qui mérite d'être conservé. Les espèces qui lui appartiennent frappent tout d'abord par leur aspect extérieur. La vénulation des ailes est différente; les antennes, chez le mâle surtout, sont plus longues, les articles dissemblables. Mais, contrairement au sentiment de M. le Dr Sichel, le genre *Habropoda* doit rester isolé. Il ne saurait comprendre toutes les espèces dont les mâles ont les cuisses renflées, tels que *A. femorata*, *A. crassipes*, etc., etc., qui conservent constants les caractères alaires des vraies *Anthophora* si différents de ceux fournis par les *Habropoda*.

GENUS I.

HABROPODA, olim HABROPHORA.

F. Smith's, Mss. Catal., pars 1.

Palpi. Palpis labialibus, 4-articulatis; 1° longissimo; 2° ad apicem acuto, reliquis minutis in latere secundi appositis, reflexis.

Palpis maxillaribus, 6-articulatis; 2° longiori, clavato, reliquis vix æqualibus.

Alæ. Cellulâ radiali unicâ, appendiculatâ.

Cellulis cubitalibus 3. 2ª, 3ª versùs radialem coarctatis; primo nervo recurrente ad intersectionem 2ª, 3ªque cellulæ cubitalis desinenti.

Pl. 1; fig. 5, 6, 7.

Les caractères buccaux sont semblables à ceux des vraies *Anthophores*, bien que présentant quelque différence. Ainsi la langue chez les *Habropoda* est courte, pubescente dans toute sa longueur, qui ne dépasse pas celle des palpes. Les articles des palpes maxillaires sont plus longs, plus épais, le 2e est trois fois plus long que le 1er et que les suivants. Les antennes, surtout chez les mâles, dépassent un peu ou atteignent toujours la naissance des ailes; le 3e article est un peu plus long que dans les *Anthophora*. Enfin, les 2e et 3e cellules cubitales sont sensiblement rétrécies vers la radicale, et la 2e cubitale reçoit la 1re nervure récurrente au point d'intersection de la ligne formée par les 2e et 3e cubitales.

Les mâles des *Habropoda* ont les pattes irrégulières, renflées, ornées de plaques, d'apophyses et garnies de cils.

Le caractère tiré de l'aile des *Habropoda* n'est pas exclusivement dévolu à ce genre. Quelques A. du Mexique : *A. Pluto, A. Aurulento-caudata, A. Melanopyrrha,* ont la 1re nervure récurrente comme dans les vraies *Habropoda;* mais les mâles de ceux-ci sont toujours bien différents des femelles.

N° 1.   HABROPODA ZONATULA.

Smith, Cat., pars 2; p. 319. G. 50.

♀   Long. : — Corps 14 mm.; Ailes 12 mm.

♀ *Nigra; fulvo-albido vel cinereo villosa. Segmentis 2, 3, 4, albido vel cinereo fasciatis. Ano fulvo. Alis hyalinis.*

♀ Noire. Poils de la face fauves, plus pâles sur les côtés. Bout des mandibules testacé clair. Corselet et 1er segment de l'abdomen en dessus hérissés de poils fauves, plus pâles en dessous. Les autres segments noirs. Bords inférieurs des segments abdominaux ornés d'une bande de poils blancs tirant sur le fauve, plus large au 4e et au 5e. Côtés de l'abdomen hérissés de poils blancs, fauves à l'anus. Pattes, en dessus, recouvertes de longs poils fauves blanchâtres, en dessous ferrugineux noirs, ainsi que les tarses. Ailes presque limpides. Point calleux roux testacé. Côte et nervures ferrugineuses.

♂   Long. : — Corps 16 mm.; Ailes 12 mm.

♂ *Nigra; facie nigro-flavo maculatâ; fulvo-albido vel cinereo-pilosâ; femoribus crassis, trochanteribus anterioribus pinnâ acutâ, femoribus dente recurvato munitis; 1° articulo tarsorum quadrato, 4°, 5° dentibus, 2° articulo spinâ brevi, acutâ armatis; 1° tarsorum posticorum articulo in rotundatam auriculam desinente.*

♂ Noire. Dessous des antennes jaune, ainsi que la base des mandibules et toute la face, à l'exception de deux larges taches noires placées sur le chaperon, et de deux points noirs de chaque côté du labre. Pubescence en tout semblable à celle de la femelle. Cuisses épaisses, hanches antérieures armées d'une longue épine recourbée, très-aiguë à son sommet. 1er article des tarses antérieurs portant une large apophyse carrée, crénelée à son bord libre de quatre ou cinq petites dents mousses; 2e article des tarses antérieurs dentiforme, terminé par une épine saillante très-aiguë. 1er article des tarses postérieurs se prolongeant en forme d'oreillette arrondie à son extrémité.

Iles de l'Archipel grec.

Collection Sichel, Dours.

N° 2.   HABROPODA EZONATA.

Anthophora Passerini, Sich. Ann. Soc. Ent. 1856, Bull., p. 19.

Smith. Catal., pars 2, p. 320; 2.

Long. : — Corps 16 mm.; Ailes 12 mm.

♀ *Nigra; thorace, 1° abdominis segmento, sarothroque fulvo-pilosis. 2°, 3° nigro, 4°, 5° albido-pilosis. Ano fulvo; alis sub-hyalinis.*

♀ Noire. Poils de la face cendrés, épais sur les joues, ceux du vertex noirs. Corselet en dessus hérissé de poils jaunes

ferrugineux, cendrés en dessous. 1ᵉʳ segment de l'abdomen
recouvert de poils jaunes ferrugineux, 2ᵉ et 3ᵉ segments
noirs, 4ᵉ, 5ᵉ blancs. Poils de l'anus ferrugineux. Pattes
hérissées de poils cendrés noirâtres, brosse plus pâle. Tarses
ferrugineux. Point calleux testacé. Ailes un peu enfumées.
Côte et nervures brunes.

♂ *Nigra ; antennis, facie, mandibulis flavo-maculatis ; femoribus crassis, trochanteribus anterioribus pinnâ obtusâ, apice
fulvo-pilosá ornatis. Tibiis intermediis dilatatis, subtùs exca-
vato concavis, duobus dentibus inæqualibus, acutis, externo
longiori, armatis. 1° tarsorum intermediorum articulo dilatato, obtuso dente externè armato. Tibiis posticis excavatis,
1° articulo dilatatissimo, suprà convexo, obtuso dente acuto
dimidiato.*

♂ Noire. Dessous du 1ᵉʳ article des antennes jaune,
ainsi que le chaperon, une ligne en avant de lui, les joues
et la base des mandibules ; l'extrémité de celles-ci est ferrugineuse. Poils de la face blancs, cendrés-noirs sur le vertex.
Corselet en dessus hérissé de poils jaunes ferrugineux,
cendrés en dessous. 1ᵉʳ segment de l'abdomen recouvert de
poils jaunes ferrugineux, 2ᵉ, 3ᵉ noirs, 4ᵉ, 5ᵉ, 6ᵉ blancs.
Quelques poils ferrugineux à l'anus. Pattes hérissées de
poils cendrés-noirâtres, un peu ferrugineux aux postérieures.
Hanches antérieures armées d'un appendice obtus coiffé à
son sommet d'une touffe de poils plus ou moins roux.
Cuisses épaisses, un peu boursoufflées. Jambes intermédiaires creusées en gouttière à leur partie inférieure et
munies de deux épines inégales, l'interne courte, l'externe
plus longue, aiguë. 1ᵉʳ article des tarses de cette paire intermédiaire dilaté et muni d'une dent obtuse à son bord

externe. Jambes postérieures creusées sur leurs faces infé-
rieures et à peine échancrées sur le tranchant extérieur.
1er article des tarses postérieurs très-dilaté, difforme,
convexe en dessus, armé d'une forte dent sur son tranchant
externe et muni d'une facette concave en dessous.

Iles de l'Archipel grec.

Collection Sichel, Dours.

No 3.   HABROPODA FESTIVA. Dours.

♀   Long. : — Corps 17 mm.; Ailes 15 mm.

♀ *Nigra, fulvo-tomentosa ; 5° segmento maculâ albâ mediâ ;
pedibus extùs fulvo, subtùs aureo-pilosis ; alis fumato-
hyalinis.*

♀ Noire; chaperon, labre, mandibules noires; une tache
jaune sur le bord inférieur du chaperon. Poils de la face
blancs, mêlés de jaunes. Ceux du vertex, du corselet fauves,
mêlés de noirs sur le milieu, blancs en dessous. 1er segment
de l'abdomen hérissé de poils fauves, les autres recouverts
de petits poils de cette couleur, semblables à des écailles;
5e segment ayant en outre sur le milieu une touffe de poils
plus longs, fauves-blanchâtres. Bord de tous les segments
portant une bande de poils couchés, roux-blanchâtres. Anus
ayant quelques poils dorés; en dessous l'abdomen un peu
ferrugineux, les segments ciliés de poils d'un roux doré.
Poils des pattes en dessus roux doré, en dessous dorés, très-
brillants. Ailes un peu enfumées. Côte, nervures brunes;
point calleux plus pâle.

Cap de Bonne-Espérance.

♂ Long.: — Corps 17 mm.; Ailes 12 mm.

♂ *Nigra; nigro-rufescenti-villosa. Pedibus suprà albido, subtùs aureo-pilosis, tarsis posticis dente minuto armatis.*

♂ Noire. Dessous du 1er article des antennes strié d'une ligne jaune qui manque souvent. Face jaune, sauf deux petits points en haut qui sont noirs. Labre jaune, leurs bords et deux petits points sur les côtés noirs. Mandibules jaunes, noires au bout et sur les bords. Face recouverte de poils blancs-roussâtres, plus foncés sur le vertex. Thorax en dessus, hérissé de poils roux mêlés de noirs au milieu, blanchâtres en dessous. 1er segment de l'abdomen hérissé de poils roux; les autres segments noirs, bordés d'une large bande de poils roux plus ou moins blanchâtres, soyeux, couchés. Anus roux. Poils des pattes épais, blancs et roux en dessus; les supérieures ont la tranche externe des jambes et du 1er article des tarses ornées d'une longue frange de poils roux. Les pattes intermédiaires ont les tibias garnis de poils roux au côté interne, blancs au côté externe, ainsi que sur le 1er article des tarses. Cuisses postérieures un peu renflées, leurs jambes contournées, creusées en gouttière et munies à leur extrémité interne de deux petites épines Le 1er article de leurs tarses est dilaté et porte sur le milieu du bord interne une petite dent mousse. En dessous, les pattes et surtout les tarses sont recouverts de poils d'un ferrugineux doré, très-brillants.

Cafrerie.

Collection Sichel, Dours.

GENUS 2.

ANTHOPHORA.

Apis, p^(m) Linn., Syst. nat., I, 953 (1766).
Megilla, p^(m) Fabr., Syst. Piez, p. 328 (1804).
Lasius, p^(m) Jurine, Hym., p. 235 (1807).
Anthophora, Lat., Nouv. Dict. d'Hist. nat., IX, 167 (1803); Gene. Crust et Ins.,
IV, 174 (1809).

Palpi. 〈 Palpis labialibus 4-articulatis; 1° articulo ter longiori; 2° ad apicem acuto, reliquis minutis in latere secundi appositis, reflexis.
Palpis maxillaribus 6-articulatis; 1° articulo brevi; 2° longiori, reliquis vix æqualibus.

Alæ. 〈 Cellulâ radiali unicâ, appendiculatâ.
Cellulis cubitalibus 3. 1ª longiori, 2ª versùs radialem coarctatâ, in medio primum nervum recurrentem recipiente; 3ª pentagonali versùs extremitatem, secundum nervum recurrentem recipiente.
Pl. I, fig. 3, 4.

Tête transverse, large; yeux grands, proéminents, ocelles placés en triangle sur le vertex. Antennes ne dépassant pas la naissance des ailes; 1er article large, plus long que le 2e, qui est globuleux et très-petit; 3e article plus long que les deux premiers, terminé en godet à son extrémité. Les autres articles petits, égaux entre eux. Labre arrondi à sa partie antérieure. Palpes labiaux formés de quatre articles; le 1er trois fois plus long que le 2e, celui-ci très-aigu à son extrémité recevant sur les côtés et près du bout les deux derniers articles, qui sont égaux, courts, réfléchis. Langue très-longue, linéaire, un peu pubescente vers son tiers supérieur. Paraglosses courts, n'atteignant pas le tiers de la longueur du 1er article des palpes labiaux. Mandibules terminées en pointe. Palpes maxillaires formés de six articles, le 1er court, épais; le 2e deux fois plus long que le 1er; les autres plus courts, allant en diminuant de longueur et s'épaississant à partir du 3e. Une radiale terminée par un appendice court, son bout s'éloignant un peu de la côte. Trois cubitales: la 1re un peu plus longue que les deux autres; la 2e rétrécie vers la radiale recevant vers son milieu la 1re nervure récurrente; la 3e pentagonale recevant à son extrémité la 2e nervure récurrente (1).

ANTHOPHORARUM

CLAVIS ANALYTICA.

Feminæ.

STATURA :

Major = hispanica, rypara.
Magna = personata, nigro-cincta.
Media = pilipes, 4-fasciata.
Minor vel parva = albigena, rufo-lanata.
Minima = pygmea.

Facie albo, flavo vel ferrugineo maculatâ, punctatâ, vel lineolatâ. . . . . Div. I.

Facie nigrâ, immaculatâ. . . . . Div. II.

DIVISIO I.

1. Abdomine nigro, albido-hirto vel nudo. . 3
2. . . . cupro-æneo. 46
3. . . . nigro, albo-hirto vel nudo. . . 5
4. . . . nigro, fulvo-hirto. 34

(1) Dans quelques espèces exotiques, la deuxième nervure récurrente vient s'insérer un peu en dedans de la cellule cubitale.

Femelles pollinigères. Mâles ayant tantôt les pattes simples, tantôt armées d'appendices écailleux, ou garnies de cils longs.

α *Abdomine nigro, albo-hirto vel nudo.*

5. . . . thoracis dimidium anticum nigro-hirtum; posticum
rufo-hirtum. *A. bi-partita.*

6. . . . thorace fulvo, abdomine vix apice albo-piloso.
A. Acraensis.

7. Abdomine nigro, apice nigro-villoso; thorace viridescenti,
pedibus ferrugineis, tarsis nigris. *A. æruginosa.*

8. Abdomine nigro, 4°, 5° albo hirsutis; thorace fulvo-ferrugineo
piloso *A. albo-caudata.*

9. Abdomine nigro, segmento 4° toto, 5° albo-fasciato; thorace
albo-villoso. *A. Nubica.*

10. Abdomine nigro, segmentis, 1° immaculato, 2° puncto laterali,
3°, 4° albo-marginatis; thorace albo-villoso.
A. bi-cincta.

α' *Abdomine nigro, cœruleo vel cupro-cœruleo marginato.*

11. . . . thorace fusco vel cinereo.	*A. zonata.*	
12. . . . thorace fulvo.	*A. cincta.*	
13. . . . thorace pallide-fusco.	*A. cingulata.*	
14. . . . thorace cinereo.	*A. subcærulea.*	Varietates
15. . . . thorace rufo-fulvo.	*A. pulchra.*	A. zonatæ.
16. . . . thorace pedibusque nigerrimis.		
	A. atro-cærulea.	
17. . . . thorace cinerescenti-subcæruleo.		
	A. analis.	
18. . . . thorace rufo; fasciis 5°que segmento toto, flammeo-quammosis, leviter cupreo-micantibus.	*A. flammeo-zonata.*	
19. . . . thorace fulvo-rufo, segmentis apice fulvo-rufis, scopâ aureo-ferrugineâ.	*A. vigilans.*	

3

α ** *Abdomine nigro; segmentis albo vel rufo vel rufescenti-marginatis.*

20. . . . thorace fulvo vel cinerescenti, ano utrinque albo-piloso.   *A. 4-fasciata.*

21. . . . Primo segmento pallide-hirto vix fasciato.   *A. socia.*

22. . . . fasciis cinerescenti-fulvescentibus, tomentosis; thorace cinerescenti.
                                 A. alternans.

23. . . . 1° segmento albo-piloso.
                                 A. farinosa.

24. . . . thorace fusco; segmentis ventralibus piceo-rufescentibus, margine apicali utrinque albo-ciliatis.   *A. confusa.*

25. . . . thorace albo-piloso; segmentis niveo-marginatis. *A. albescens.*

26. . . . thorace fulvo; 1° segmento fulvo-hirto, fasciis sordidè albidis, latis.   *A. mucorca.*

27. . . . abdominis fasciis cinerescenti vel rufescenti (in varietate) squammosis.   *A. nivea.*

28. . . . 1° segmento fasciisque rufescente-pilosis, femoribus ferrugineis.
                                 A. Domingensis.

29. . . . thorace rufo-fulvo, segmentis 4, 5 cinereo-pubescentibus squammosis.   *A. semi-pulverosa.*

30. . . . thorace nigerrimo; fasciis sarothroque ferrugineis.   *A. Maderæ.*

Varietates
Anthophoræ
4-fasciatæ.

31. . . . fasciis albis vel rufescentibus; thorace rufo vel cinerescenti. *A. albigena.*
32. . . . fasciis niveis; antennis rufo-ferrugineis. *A. calens.*

Clypeo vix in medio flavo vel eburneo-lineolato.

32'. Magna; abdomine nigro; segmentorum fasciis albidis, 3ᵃ et 4ᵃ in medio fuscis, alis hyalinis. *A. canifrons.*
33. Magna; abdomine nigro, segmentis in latere flavo-maculatis, alis violaceis. *A. violacea.*

α *** *Abdomine nigro, fulvo-hirto.*

34. Media; segmentis 1, 2, 3 fulvis, 4, 5 aurulento-hirtis; thorace fulvo. *A. melanopyrrha.*
35. Media; segmentis 4, 5 aurulento-villosis, reliquis thoraceque nigerrimis. *A. aurulento-caudata.*
36. Parva; segmentis 1º fulvo, 5º nigro-hirtis; fasciis fulvis; thorace nigro-fulvo. *A. rufo-lanata.*
37. Parva; segmentis 1º fulvo, 5º albido-hirtis; fasciis fulvo-aureis; thorace fulvo in medio nigro-hirto. *A. rufipes.*

α **** *Abdomine nigro, ferrugineo-hirto.*

38. Magna; omnino ferrugineo-pilosa; pygidio nigro. *A. holopyrrha.*
39. Media; 1º segmento ferrugineo, reliquis nigro-hirtis, fasciis 2, 3, 4 flavo-albo ciliatis. *A. albifrons.*
39'. Media; abdomine nigro, segmentis 2 basi, 3, 4, 5 thoraceque fulvis. *A. atro-cincta.*

α ***** *Abdomine nigro, cinereo-hirto vel tomentoso.*

40. Magna; segmentis 1, 2 cinereo-hirtis, 3 albo-squammoso, 4, 5 nigro-hirtis; thorace cinereo. *A. hypopolia.*

41. Magna; segmentis 1, 2 cinereo-hirtis, fasciis 2, 3, 4 albido-
ciliatis; thorace cinereo vel rufo.   *A. personata.*

42. Magna; segmentis 1 rufo, 2 cinereo-hirtis;
fasciis 2, 3 albo-ciliatis; thorace
cinereo vel rufo.   *A. nasuta.*   Varietates

43. Magna; segmentis 1, 2 rufo vel cinereo-hirtis;   *A.*
fasciis quatuor albo-ciliatis distinctis,
clypeo labroque vix nudis flavo-   *personatæ.*
maculatis.   *A. euris.*

44. Parva; segmento 1° cinereo-hirto, reliquis flavo vel albido
cinerescenti tomentosis, squammosis; 5° maculâ nigrâ,
mediâ.   *A. squammulosa.*

45. Parva; segmento 1°, cinereo-rufescenti villoso; reliquis albido-
tomentosis, squammosis, fasciis albidioribus, ano nigro,
thorace rufescenti-villoso.   *A. pubescens.*

β. *Abdomine cupro-æneo.*

46. Magna; 1° segmento fulvo, 4°, 5° albido-hirtis, 2, 3, 4 cupreis,
thorace fulvo in medio nigro-hirto.   *A. Dufourii.*

47. Magna; 1° segmento fulvo, 2, 3 nigro, 4, 5 cinereo-hirtis,
fusco-æneis; thorace fulvo in medio fusco.   *A. tecta.*

DIVISIO II.

1. Abdomine nigro vel ferrugineo-hirto. . . 3
2. . . . . cupro vel æneo vel badio. . . 69

α *Abdomine nigro vel ferrugineo-hirto.*

3. Media; abdomine nigro, nigro-hirto, segmentis nigro-
ciliatis.   *A. retusa.*

4. Magna; abdomine nigro, nigro-hirto, segmentis nigro, late
ferrugineo ciliatis.   *A. atro-ferruginea.*

α * *Abdomine nigro, cano vel cinereo-hirsuto; segmentorum*
fasciis nullis.

5. Magna; segmentis 1, 2, thoraceque cano-tomentosis, scopâ
nigerrimâ.   *A. atricilla.*

6. Magna; segmentis 1. 2, thoraceque albo-villosis; pedibus
nigris, anticis nigro-albo-hirsutis.   **A.** *Romandii.*

7. Media; segmentis 1, 2, thoraceque cinereo vix fulvo hirsutis;
scopâ fulvâ; metatarsis posticis albido-ferrugineis.
                        A. semis-cinerea.

8. Media; segmentis 1, 2, thoraceque cinereo vix fulvo hirsutis;
scopâ cinereo-fulvâ, metatarsis posticis nigris.
                        A. Bellieri.

9. Magna; segmentis 1º toto, 2º in margine, thoraceque cano vel
cinereo-hirsutis, scopâ fulvo-ferrugineâ.   *A. pedata.*

10. Media; segmentis 1, 2, thoraceque nigro-cinereo hirsutis,
scopâ rubrâ.   *A. rubricrus.*

11. Media; abdomine nigro; thorace 1ºque segmento (interdùm)
cinereo-villoso; pedibus nigro-ferrugineis.
                       A. abrupta.

12. Minor; abdomine aterrimo; segmentis omnibus tomento-
candido-maculatis; thorace cinereo-hirsuto, dorso-
nigro; pedibus atro-hirsutis.   *A. lepida.*

13. Minor; abdomine nigro, nitido; 1º segmento albo-maculato,
tarsis ferrugineis.   *A. fuscipennis.*

14. Minor; abdomine ochraceo-tomentoso, apice rufo; pedibus
flavido hirtis, tarsis ferrugineis.   *A. pulverosa.*

15. Media; abdomine thoraceque fulvo-pilosis, hoc maculâ mediâ
nigrâ, 1º et 2º segmentis in medio nigro-pilosis;
pedibus nigris.   *A. atrifons.*

α ** *Abdomine nigro, cano vel cinereo-hirsuto; segmentorum*
fasciis distinctis.

16. Magna; 1º segmento cinereo (interdùm fulvo), 2, 3, 4, 5 nigro-
pilosis. Fasciis 1-4 albidis (sæpe rufescentibus), primâ
augustiori; scopâ pedibusque aureo-fulvis. *A. dispar.*

17. Media; 1°, 2° segmentis cinereis (interdùm fulvis), 3-5 nigro-
      pilosis. Fasciis albidis (interdùm rufescentibus) æqua-
      libus; scopâ aureo-fulvâ, tarsis nigris.
                                    A. nigro-cinctula.

18. Media; 1° segmento cinereo. Fasciis 2, 3, 4, pedibusque suprà
      argenteo, his infrà ferrugineo-hirsutis. *A. calcarata.*

19. Minor; griseo vel ferrugineo-hirsutâ. Fasciis albido vel fulvo
      subciliatis; pedibus cinereo-hirsutis. *A. 4-maculata.*

20. Minor; 1° segmento nigro-cinereo-hirto. Fasciis, 2, 3, 4, albo
      vel flavido-pilosis; pedibus ferrugineis, nigro longe hir-
      sutis; thorace cinereo, nigro-fasciato. *A. taurea.*

21. Minor; 1° segmento cinereo-hirto. Fasciis 3, 4, 5, cæruleo-
      pilosis; thorace cinereo, abdomine fortiter punctato.
                                    A. cincto-femorata.

22. Media; thorace abdomineque nigerrimis, primi segmenti fasciâ
      albidâ, pedibus ferrugineis.   *A. Godofredi.*

23. Magna; thorace cinereo in medio nigro-villoso; abdominis
      segmentis 1, 2 cinereis, fasciis albescentibus. Sarothro
      ferrugineo.   *A. nigro-cincta.*

24. Magna; thorace nigro-lutescenti, 1° segmento lutescenti-villoso,
      reliquis nigris, 4° in lateribus albo-piloso. Sarothro
      lætè ferrugineo.   *A. lati-cincta.*

25. Media; atro-albo-villosa; thorace fasciâ mediâ, nigrâ; fasciis
      albidis. Sarothro 1°que tarsorum posticorum articulo
      albido-fulvescenti hirsutis.   *A. atro-alba.*

26. Media; cinereo-tomentoso; fasciis abdominis albido-ciliatis.
      Sarothro ferrugineo, labro bituberculato.
                                    A. tuberculilabris.

27. Media; cinereo-hirsuta; fasciis abdominis vix cinereo-ciliatis.
      Sarothro fulvescenti; labro bituberculato. *A. spodia.*

28. Media; cinereo-tomentosa; fasciis abdominis sordidè albescen-
      tibus, labro non tuberculato. Sarothro cinereo.
                                    A. lanata.

29. Media; cinereo-tomentosa; fasciis abdominis sordide albescen-
      tibus; ano ferrugineo, labro non tuberculato.
                                    A. pyropyga.

30. Minor; cinereo (sæpe rufescenti) hirsuta, segmentorum fasciis
sordidè albo vel rufescenti ciliatis; ano nigro.

A. pubescens.

31. Minor; cinereo-tomentosa; segmentis suprà cinereo-lanatis,
infrà pedibusque ferrugineis, fasciis pallidioribus.

A. lepidodea.

32. Media; rufescenti-villosa, 1° abdominis segmento rufescenti-
hirto, reliquis segmentis nigris citreo-strigatis; ano
nigro. Sarothro rufescenti.   *A. citreo-strigata.*

33. Media; cinereo-villosa; 1° segmento sarothroque albido-
villosis, segmentis aureo-strigatis; ano nigro.

A. marginata.

34. Parva; nigro-cinereo-pilosa; fasciis abdominis albidis, pedibus
nigro-ferrugineo-villosis.   *A. Chiliensis.*

35. Parva; albo-cinerescenti pilosa; abdomine nigro, segmentis 1-
4 niveo-lineatis; pedibus ferrugineis, albo villosis.

A. nigrita.

α *** *Abdomine nigro, rufo fulvo vel ferrugineo-hirsuto;*
segmentorum fasciis nullis.

36. Magna; abdomine nigro, subtùs apiceque piloso; thorace et
1° segmento abdominis ferrugineo-villosis; pedibus
aterrimis.   *A. basalis.*

37. Media; abdomine nigro, 4°, 5° abdominis segmentis et ano
ferrugineo-villosis, tarsis ferrugineis; thorace nigro.

A. Pluto.

38. Media; abdomine nigro, rufo-piloso, 3°, 4°que segmentis rufo-
villosis; metatarsis rufis; thorace nigerrimo.

A. parietina.

39. Media; abdomine nigro, rufo-piloso, segmentis dorso rufis,
lateribus albis, pedibus extùs rufo, subtùs nigro-
ferrugineo pilosis; thorace rufo.   *A. balneorum.*

40. Media; abdomine nigro albo-piloso, segmentis 1° fulvo, reliquis nigro-albo-pilosis; thorace anoque rufis; illo fasciâ
mediâ nigrâ.   *A. obesa.*

41. Minor; thorace abdomineque rufo-pilosis, illo fasciâ nigrâ inter alas; segmentis 1, 2, 3, 4, rufo-hirtis, 5° anoque (epipygio nigro excepto) aureo-rufis.   *A. furcata.*

42. Media; fulvescenti-hirsuta; thorace fasciâ mediâ nigrâ. Abdomine flavido tomentoso.   *A. fulvipes.*

43. Media; fusco-nigro-hirsuta (in detritis). Abdomine nudo, fasciis solùm fusco-hirtis.   *A. caliginosa.*

44. Media; ferrugineo-villosa, pedibus subtùs nigro-pilosis.
                                   A. ferruginea.

45. Media; nigro-ferruginea; segmentis 2° toto, 3° partim nigro-piloso, reliquis ferrugineis.   *A. nigro-vittata.*

46. Media; nigro-fulva; thorace segmentisque 1-2 fulvo-hirsutis, reliquis nigris, ano fulvo.   *A. dimidiata.*

47. Media; cinereo fulva; thorace cinereo in medio nigro, segmentis fulvo-hirsutis, ano nigro, pedibus extùs albido, subtùs aureo villosis.   *A. concinna.*

α **** *Abdomine rufo, fulvo vel furrugineo-hirsuto;*
            fasciis distinctis.

48. Major; segmentis 1, 2 rufo vel cinereo-vestitis, fasciis 2, 3 albo ciliatis, thorace rufo vel cinereo, lineâ nigrâ anticâ, scopâ atrâ.   *A. Hispanica.*

49. Major; segmento 1° rufo, 2, 3, 4, 5 cinereo-hirsutis, albido marginatis; thorace rufo, vix nigro-antice mixto; scopâ nigro-ferrugineâ.   *A. rypara.*

50. Major; segmentis 1, 2 thoraceque lætè fulvo-villosis, fasciis pallidioribus.   *A. rutilans.*

51. Media; segmentis totis thoraceque fulvo hoc nigris dorso intermixtis hirtis, fasciis distinctis pallidioribus.
                                   A. pennata.

52. Magna; segmentis 1, 2 sordide fulvis, thorace cinereo, scopâ aureâ.   *A. pyralitarsis.*

53. Media; segmentis 1, 2 rufo-pilosis; fasciis 2, 3 rufo-albido sordidè ciliatis, scopâ rufâ.   *A. pilipes.*

54. Magna; segmento 1° rufo, reliquis cinerescente-hirtis, fasciis

albo vel cinerescenti ciliatis, pedibus albo villosis; thorace rufo in medio nigro-hirsuto. *A. femorata.*

55. Magna; segmento 1° rufo, 2°, 3°, 4° nigris nudis, 5° anoque ferrugineo-villosis, 2°, 3°, 4° albo, 5° ferrugineo ciliatis; pedibus thoraceque fulvo-hirtis, hoc maculà mediâ nigrâ. *A. segnis.*

56 Magna; 1°, 2° segmento rufo-hirto, reliquis nigro-pilosis; fasciis 2, 3, albis vel albescentibus. *A. bi-ciliata.*

57. Magna; 1°, 2°, 3°que segmento rufo-hirto, reliquis nigro-pilosis, fasciis concoloribus vix pallidioribus.

A. repleta.

58. Magna; thorace 1°que segmento rufo-hirtis; segmentorum fasciis albido-flavo-rufis. *A. nigro-maculata.*

59. Magna; thorace, 1° segmento anoque rufo-pilosis, segmentorum fasciis fulvo-albescentibus, tibiis extùs fulvescentibus, intùs aureo-ferrugineis. *A. dubia.*

60. Media; thorace (fasciâ mediâ nigrà), rufo vel cinereo piloso; 1°, 2° segmentis rufo-hirtis, fasciis 2, 3, 4 cinerescentidus vel rufescentibus continuis. *A. intermedia.*

61. Media; thorace (fasciâ mediâ nigrà), rufo vel cinereo piloso; primo, secundo segmentis rufo-hirtis, fasciis 2, 3, 4 cinerescentibus vel rufescentibus in medio interruptis. *A. interrupta.* ⎫
⎪
⎬ Varietates
⎪ *A. intermediæ.*
62. Media; thoracis fasciâ mediâ nigrà; 1° segmento thoraceque vix cinereo rufo-piloso; fasciis 2, 3, 4 albis, scopâ ferrugineâ. *A. æstivalis.* ⎭

63. Media; rufo-cinerescenti pilosa; fasciis albescentibus, scopâ aureâ. *A. 4-strigata.*

64. Media; thorace 1°que segmento fulvo-piloso, 2°, 3°, 4° albo-niveo marginatis; pedibus nigris, tibiis posticis suprà albo-villosis. *A. Oraniensis.*

65 Media; thorace fulvescenti, abdomine nigro, fasciis pedumque pilis cinereo albis. *A. Mexicana.*

66. Media; rufo-villosa, segmentis 1, 4 flavo-albido marginatis.
A. tarsata.

67. Media; thorace abdominisque 1° segmento testaceo (sæpe flavo) villosis, 2°, 3°que apice densè albido-ciliatis. Pedibus nigro-piceis, testaceo flavo-pilosis.

A. robusta.

68. Magna; fulvo-cinereo-pilosa; 2° segmento albo, 3° et apice 5ⁱ nigro-ciliatis.   *A. pruinosa.*

β. *Abdomine cupro–æneo vel badio.*

69. Media; thorace ferrugineo, dorso nigro; abdominis segmentis 1°, 2° lateribus, 3° toto ferrugineis, illorum medio nigris, 4°-5° albo-pilosis, hoc ferrugineo-mixto. *A. 4-color.*

70. Media; thorace fulvescenti hirsuto in medio fasciâ nigrâ; abdominis segmentis 1°, 3° fulvis, 4°, 5° albido-tomentosis, 5° fasciâ fulvo-ferrugineâ.   *A. Smithii.*

71. Media; abdomine badio, pedibus nigris, nigro ferrugineo hirsutis.   *A. badia.*

72. Minor; thorace cinereo-villoso; abdomine nitido, æneo-violaceo; fasciis 1, 2 albis, pedibus nigris, nigro-ferrugineo-villosis.   *A. nitidula.*

Mares.

SUBDIVISIO I.

PEDIBUS SIMPLICIBUS NEC CILIATIS.

α *Abdomine nigro, albo-hirto vel nudo.*

1. . . . thorace fulvo, 6° segmento anoque albo-ferrugineo-hirto.   *A. Acraensis.*

2. . . . thorace viridescenti-fulvo; abdomine infrà ferrugineo, suprà versùs apicem nigro-piloso.
A. æruginosa.

3. . . . thorace dorso cinereo, postice albo-piloso; segmento 4° toto albo, 5° et 6° fasciâ albà interruptâ.
A. Nubica.

4. . . .   thorace dorso cinereo, postice albo-piloso, segmento 3° albo in lateribus maculato, 4° toto albo, 5° et 6° fasciâ albâ interruptâ.   *A. bi-cincta.*

α ˙ *Abdomine nigro, cæruleo vel cupro-cæruleo marginato.*

5. . . .   thorace rufo-cinerescenti-hirto; segmentorum abdominalium apicibus 4 ad 5 metallicè-cæruleo-fasciatis.   *A. zonata.*

6. . . .   thorace pedibusque ardente rufis; segmentorum fasciis metallicè-cæruleo-argentatis. *A. cincta.*

7. . . .   thorace cinerescenti-hirto; segmentorum fasciis cæruleo-viridescenti non metallicè pilosis.
    A. cingulata.

8. . . .   segmentorum fasciis griseo-pallidis vix subcæruleis.   *A. subcærulea.*

9. . . .   segmentorum fasciis albescenti, subcærulescentibus, hinc, inde leviter viridescentibus. *A. pulchra.*

10. . . .   thorace cinereo, hinc, inde subcæruleo, segmentorum fasciis 4 ad 5 subcæruleis, 6 anoque nigris sub nudis.   *A. analis.*

α ˙˙ *Abdomine nigro, segmentis albo vel rufo vel rufescenti marginatis.*

11. . . .   thorace cinereo-rufo, fasciis apicalibus albis, rufis, vel rufescentibus, 5ª fasciâ in medio sæpiùs interruptâ; 6° segmento anoque nigro-pilosis.
    A. 4-fasciata.

A. *Metatarsi postici duo albo-pilosi.*

12. . . .   1e segmento pallidè hirto vix fasciato.   *A. socia.*
13. . . .   fasciis cinerescenti-fulvescentibus tomentosis.
    A. alternans.

14. . . . 1° segmento albo-piloso.   *A. farinosa.*
15. . . . segmentis ventralibus piceo-rufescentibus, margine apicali utrinque albo-ciliatis.   *A. confusa.*
16. . . . fasciis abdominis rufescenti-pilosis, pedibus ferrugineis; 6° segmento anoque nigro-ferrugineo-pilosis.   *A. Domingensis.*

B. *Metatarsi postici duo nigro-pilosi.*

17. Abdominis fasciis tibiarumque pilis pallidè rufo-ferrugineis; fasciâ 5ª interruptâ.   *A. Maderæ.*
18. . . . segmentis 1-5 niveo- marginatis, fasciâ 5ª in medio interruptâ, 6° anoque nigris.   *A. albescens.*
19. . . . segmentorum fasciis sordidè albidis, 6° segmento anoque nigris, facie eburneâ.   *A. mucorea.*
20. Parva; facie eburneâ; fasciis albis vel rufescentibus, 6° segmento nigro.   *A. albigena.*
21. Parva; facie eburneâ; fasciis niveis, 6° segmento nigro, antennis rufo-ferrugineis.   *A. calens.*
22. Media; facie eburneâ nigro-maculatâ, segmentis in latere albo-flavo maculatis, 6° albo fasciato; alis violaceis.   *A. violacea.*

α *** *Abdomine nigro fulvo-hirto.*

23. Media; facie flavâ, nigro lineatâ, thorace fasciisque abdominalibus fulvo-hirtis; tarsis rufis.   *A. melanopyrrha.*
24. Minor; facie flavâ, nigro-lineatâ, thorace segmentis abdominis 1, 2, 3 nigro, 4 basi, 5-6 aureo-pilosis, pedibus cinereo rufo hirtis.   *A. aurulento-caudata.*
25. Parva; facie flavó-ferrugineâ, thorace segmentorumque fasciis fulvis, flavidis. Pedibus albo, tarsis aureo-fulvis.   *A. rufipes.*

α **** *Abdomine nigro; ferrugineo-hirto.*

26. Major; facie flavidà immaculatà, scapo, 1°que antennarum articulo ferrugineis. Thorace, abdomine, pedibus lætè ferrugineo piloso-tomentosis. *A. holopyrrha.*

27. Media; facie eburneà, nigro signatà, thoracis parte posticà, segmentis 1 toto, 2ᵢ parte anticà, pedibus, nigerrimo hirtis. Capite, thoracis parte anticà segmentorum 3, 4, 5, 6, et parte posticà 2ᵢ, ferrugineo-hirto-tomentosis, in lateribus albo-pictis. *A. atro-cincta.*

28. Magna; facie flavo-maculatà, cinereo-villosà; thorace suprà nigro-cinereo vix rufo, infrà albo-piloso; 1°, 2° segmentis cinereis, 1, 3, 4, 5 nigris, 6° anoque nigro-ferrugineis. Fasciis niveo-pilosis, pedibus albo-nigro villosis. *A. nigro-cincta.*

29. Magna; facie flavo-maculatà; capite, thoraceque nigro, rufo-cinereis, infrà albidis, 1°, 2° segmento rufo-villoso, reliquis nigris; fasciis 2, 3 sordidè albis. Pedibus cinereo-hirtis, tarsis ferrugineis. *A. bi-ciliata.*

30. Media; facie eburneà, immaculatà, omninò ferrugineo vel cinereo vestità. Pedibus nigris fulvo-cinereo-pilosis, tarsis ferrugineis. *A. 4-color.*

31. Media; facie flavo-punctatà; thorace nigro, postice ferrugineo-villoso, 1° segmento ferrugineo, reliquis nigris, fasciis albis. Pedibus ferrugineis albo extùs pilosis. *A. 3-color.*

32. Media; facie flavo-punctatà, thorace et 1° segmento fulvo-pilosis, 2, 3, 4 nigris badio in lateribus maculatis; 5°, 6° badiis, fulvo-hirtis, fasciis fulvis nitidis. Pedibus nigris, fulvo suprà, aureo infrà, pilosis. *A. badia.*

33. Parva; thorace nigro-fulvo-dimidiato, abdomine basi fulvo, apice albo-villoso. Pedibus nigris. *A. rufo-zonata.*

34. Media; facie albido-luteo-maculatà, omninò ferrugineo-hirtà. Pedibus suprà albido-hirsutis. *A. ferruginea.*

35. Media; facie eburneà. Capite, thoraceque (hoc in medio nigro)

rufo-villosis; 1°, 2°que segmentis cinereo-rufo-hirtis, reliquis nigris. Pedibus cinereo-villosis, tarsis ferrugineis.   *A. parietina.*

36. Media; facie albido-luteo-maculatâ, thorace suprà rufo, infrà albo vel cinereo-villosâ; segmentis 1, 2, rufo-hirtis, 3, 4, 5, 6 anoque cinereis vel nigris. Pedibus cinereis, suprà rufo-villosis.   *A. balneorum.*

37. Media; facie albido-luteo-maculatâ. Caput, thorax, segmentum primum abdominis et pedes fulvescenti-hirsutis, pedum epidermis fulva. Abdominis segmenta, excepto primo, atra, tomento lutescenti-albido marginata. *A. fulvipes.*

38. Media; facie eburneo maculatâ, segmentis 5, 6 anoque albido-fasciatis. Pedibus extùs albescentibus, subtùs fulvo-nigricantibus.   *A. obesa.*

39. Media; facie luteâ nigro punctatâ, thorace, segmentis pedibusque rufo-pilosis (in recentioribus) cinereis in detritis, tarsis ferrugineis. Ano mucronato.   *A. furcata.*

40. Media; facie luteo-maculatâ; thorace, segmentis 1, 2, 3, 4, 5 nigro-cinereo tomentosis, 6° anoque fulvescenti-pilosis, fasciis albidioribus. Pedibus albido-hirtis; tarsis ferrugineis.   *A. pyropyga.*

41. Media; facie albo luteo-maculatâ; thorace 1°que segmento abdominis rufo-ferrugineo-hirtis, reliquis nigris fasciis niveo-pilosis. Pedibus 1°que tarso articulorum albo-villosis.   *A. Oraniensis.*

42. Magna; facie flavo nigro-maculatâ; thorace 1°, 2°que segmentis hirsutis, segmentorum fasciis 2, 3, 4 albido flavo-rufis. Pedibus nigris, rufo-pilosis.   *A. nigro-maculata.*

43. Magna; facie flavo nigro-maculatâ; thorace rufo-hirto in medio fasciâ nigrâ; 1° segmento abdominis rufo-hirto, reliquis nigro-pilosis, fasciis 1, 2, 3, 4 flavo rufo-lineatis. Pedibus nigris rufo-pilosis.   *A. atro-ferruginea.*

α ***** *Abdomine nigro, cinereo-hirto vel tomentoso.*

44. Minor; facie flavâ nigro-punctatâ; thorace cinereo-rufo; 1° segmento cinereo-hirsuto, reliquis nigris in parte inferâ

fulvescenti, albescenti, vel cinereo tomentosis. Pedibus albo-hirsutis. *A. squammulosa.*

45. Minor; facie flavidâ; abdomine cinereo-ochraceo tomentoso apice rufo. Pedibus flavido vestitis tarsis ferrugineis. *A. pulverosa.*

46. Magna; facie nigro-flavo maculatà thoracis capitisque pilis rufo-cinereis suprà infrà albescentibus; 1°, 2°que segmentis cinereo-hirtis, reliquis nigris; fasciis 1, 2 angustis, albidis. Pedibus nigris, albo-rufo villosis. *A. Romandii.*

47. Magna; labro et hypostomate parte inferiore flavis, segmentis 1, 2, 3, 4 cano-tomentosis, reliquis pedibusque omnibus atro-hirsutis. *A. atricillæ.*

48. Media; facie nigro-flavo lineatà; thoracis pilis cinereis; 1° segmento cinereo vix rufo-hirto, reliquis nigris. Pedibus ferrugineis atro-hirsutis. *A. abrupta.*

49. Media; rufo-cinereo-tomentosa segmentorum fasciis sordidè albicantibus. Pedibus ferrugineis, extùs candido, subtùs aureo-pilosis. *A. lepidodea.*

50. Parva; facie immaculatà (varietas?). Capitis thoracisque pilis albo-cinerescentibus; abdomine nigro; segmentis 1, 2, 3, 4 niveo-lineatis in medio interruptis (usurâ), reliquis nigris. Pedibus ferrugineis extùs albo, subtùs ferrugineo-pilosis. *A. nigrita.*

51. Parva; facie flavo-maculatà, pilis faciei fulvis, thoracis et 1i segmenti abdominis cinereis; fasciis 2, 3, 4, 5, 6 anoque niveo-lineatis. Pedibus ferrugineis albo-tomentosis. *A. fulvifrons.*

52. Media; facie flavo-maculatà; capitis thoracisque suprà nigro, infrà cinereo-albidis; 1° segmento rufo-cinereo-villoso, fasciâ albâ; reliquis nigris, 2°, 3°, 4°que et forsan 5° (in recentioribus), maculâ laterali ferrugineâ. Pedibus aureo-ferrugineis. *A. Godofredi.*

53. Parva; facie flavo-maculatà, capitis thoracisque cinereo-hirtis.

Segmentis 1, 2 cinereo-villosis, reliquis nigris his solùm
niveo-fasciatis. Pedibus ferrugineis cinereo-hirtis.

A. Chiliensis.

54. Parva; facie nigrâ, clypeo labroque albo-pilosis; antennis in
medio ferrugineis, thorace cinereo vix rufo-hirto. Segmentis nitidis violaceis seu cæruleis; 2° albo-maculato.
Pedibus nigerrimis extùs albo-nigro maculatis.

A. nitidula.

SUBDIVISIO II.

A. TARSIS INTERMEDIIS CILIATIS, VEL PENICILLATIS.

*Articulis 1, 2, 3, 4, 5 tarsorum intermediorum
ciliatis vel penicillatis.*

1. Magna, tarsi intermedii posticè pilis longis, nigris fasciculati,
primus quintusque depresso-dilatati, pilis nigris flabellato-penicillati. Segmentis abdominalibus rufo-
ciliatis   *A. pilipes.*

2. Magna; tarsorum intermediorum articulis omnibus ciliatis,
1° 5°que flabellatis. Abdominis segmentis 2, 4 nigro-
pilosis non fasciatis.   *A. dispar.*

3. Media; tarsorum intermediorum articulis omnibus ciliatis,
1°, 5° nigro-flabellatis. Abdomine rufo-piloso; tibiis
posticis externè albo-ciliatis.   *A. pennata.*

4. Media; tarsorum intermediorum articulis omnibus ciliatis,
1°, 5° nigro-flabellatis. Abdomine fulvescenti-piloso.

      D. nigro-fulva.   (Var. præcedentis.)

5. Magna; tarsorum intermediorum articulo 1° 5°que nigro ciliatis,
hoc nigro-penicillato; reliquis ferrugineo-ciliatis. Abdomine thoraceque-cinereo.   *A. pyralitarsis.*

6. Magna; tarsorum intermediorum articulis omnibus ciliatis
rufis, 1° longiori nigro-penicillato; thorace, segmentisque 1, 2 ferrugineo rutilantibus, reliquis nigris.

A. rutilans.

B. *Articulis 1, 2, 3, 4 tarsorum intermediorum ciliatis, cochleariformibus.*

7. Major; tarsorum intermediorum extùs fasciculo pilorum nigrorum subsemilunari, cochleariformi, suprà convexiusculo. Thoracis baseosque abdominis dorso rufo-hirto, reliquis nigris.   *A. Hispanica.*

8. Major; tarsorum intermediorum extùs fasciculo pilorum nigrorum subsemilunari, cochleariformi suprà convexiusculo. Thoracis baseosque abdominis dorso rufo-cinereo-hirto, reliquis cinereis.   *A. rypara.*

C. *Articulis 1°, 5°que tarsorum intermediorum ciliatis.*

9. Major; tarsis intermediis nigro-penicillatis, penicillis distichis nigris. Thorace et segmentis abdominis 1, 2 cinereo-hirtis.   *A. personata.*

10. Major; tarsis intermediis rufo-nigro penicillatis, penicillis ni_ris. Thorace et segmentis 1, 2 abdominis rufo-hirtis
                    A. nasuta.

11. Major; tarsis intermediis rufo-nigro penicillatis, penicillis nigris. Thorace abdominisque segmentis totis rufo-cinereo hirtis.   *A. squalens.*

12. Major; tarsis intermediis fulvo-nigro penicillatis, penicillis nigris. Thorace segmentisque abdominis 1, 2 fulvo-hirtis, reliquis nigris; fasciis 3, 4, 5 albidis.
                    A. arietina.

13. Major; tarsis intermediis nigro-penicillatis distichis subtùs albidis. Thorace et segmentis 1, 2 abdominis cinereo-hirtis.   *A. affinis.*

14. Major; tarsis intermediis grisco-penicillatis distichis, 1° articulo aureo-hirto, 5° nigro-penicillato. Thorace segmentisque abdominis 1, 2 cinereo-hirtis.
                    A. scopipes.

Varietates

A. personatæ.

4

15. Magna; tarsis intermediis nigro-fasciculatis; 1° articulo nigro-
albo penicillato, 5° nigro-hirto. Thorace segmentisque
abdominis 1, 2 fulvo cinereo-hirtis.   *A. intermedia.*

16. Magna; tarsis intermediis nigro-fasciculatis; 1° articulo nigro-
rufo penicillato, 5° nigro-hirto. Thorace segmentoque
1° abdominis rufo-nigro-hirtis, fasciis albidis.
                               A. 4-strigata.

17. Media; tarsis intermediis 1°, 5°que nigro-fasciculatis. Thorace
segmentisque abdominis 1, 2 nigro-rufo-cinereo hirsutis.   *A. rubricrus.*

18. Media; tarsis intermediis 1°, 5°que nigro-fasciculatis. Thorace
segmentisque abdominis 1, 2 (in recentioribus) fulvo
(in senescentibus) cinereo-hirsutis.   *A. retusa.*

19. Media; tarsis intermediis nigro-fasciculatis, 1° rufo vel fulvo vel
nigro-fasciculato, ultimo semper nigro-penicillato. Thorace 1°que segmento abdominis cinereo vel rufo-hirtis,
fasciis griseis vel rufescentibus   *A. senescens.*

20. Minor; tarsis intermediis albo-nigro fasciculatis; 1° albo
externe, nigro interne piloso, 5° nigro penicillato. 1°
articulo tarsorum posticorum dilatato, dente acuto
externe armato.   *A. pubescens.*

20 *bis*. Media; tibiis intermediis elongatis, 1° et 5° tarsorum intermediorum nigro-rufo penicillatis. Thorace abdomineque
cinereo-rufo-hirtis.   *A. villosula.*

D. *Articulo 1° tarsorum intermediorum ciliato.*

21. Magna; 1° tarsorum intermediorum articulo nigro-albo fasci-
culato. Thorace et abdominis segmentis 1, 2 cinereo-
hirsutis.   *A. atro-alba.*

22. Magna; 1° tarsorum intermediorum articulo nigro-albo fasci-
culato. Thorace et abdominis segmentis 1, 2 fulvo-
hirsutis, fasciis albido-griseis.   *A. liturata.*

23. Media; 1° tarsorum intermediorum articulo nigro-fulvo fasci-

culato. Thorace abdominisque segmentis 1, 2 ferrugineo hirtis, reliquis nigris nec fasciatis.

A. dimidio-zonata.

24. Magna; 1° tarsorum intermediorum articulo nigro-ciliato, posticorum dilatato, utrinque uni-spinoso. Pedibus posticis crassis, tibiis aculeo armatis. *A. Dufourii.*

24 *bis.* Magna; femoribus intermediis elongatis, tibiarum pilis longissimis albis 1° articulo antice breviter, postice longissime nigro-hirsuto. *A. pruinosa.*

E. *Articulo 5° tarsorum intermediorum ciliato vel penicillato.*

25. Magna; 5° tarsorum intermediorum articulo nigro, breviter penicillato. Thorace abdominisque segmentis 1, 2 rufo-pilosis. *A. ventilabris.*

26. Media; 5° tarsorum intermediorum nigro-penicillato. Thorace abdominisque segmentis fulvo-ferrugineo hirsutis.

A. concinna.

SUBDIVISIO III.

Pedibus crassis, dentibus, spinis, etc.... armatis.

1. Magna; femoribus posticis crassissimis, tibiis excavatis, 1° tarsorum posticorum articulo longiori, duobus dentibus acutis armato. *A. femorata.*

2. Magna; femoribus posticis crassis; 1° tarsorum posticorum articulo longiori levi dente in medio armato. Facie eburneâ. *A. segnis.*

3. Magna; femoribus posticis crassissimis, tibiis extùs et 1° articulo tarsorum posticorum dente acuto armatis.

A. oxygona.

4. Media; femoribus crassis; 1° tarsorum intermediorum articulo interne sinuato; 1° posticorum pyramidali, tribus apophysis armato, ultimâ longissimâ. *A. irregularis.*

5. Media; femoribus posticis crassis dente basi armatis, tibiis
posticis crassis, valgis, dente acutissimo externe
armatis.　　　　　　　　　*A. calcarata.*

6. Minor; femoribus intermediis posticisque crassiusculis, tibiis
simplicibus.　　　　　　　*A. quadri-maculata.*

7. Media; femoribus posticis crassis, 1° articulo tarsorum posticorum valgo, duobus spinis, unà maximâ armatis.

　　　　　　　　　　　　　　A. tarsata.

8. Media; femoribus posticis crassis, excavatis; tarsorum posticorum 1° articulo incrassato, trigono.　　*A. valga.*

9. Media; femoribus posticis crassis, excavatis, tuberculatis.
Thorace nigro, griseo fasciato.　　*A taurea.*

10. Media; femoribus posticis crassiusculis, tarsorum posticorum
1° articulo longiori, convoluto. Segmentorum fasciis
citreis, nudiusculis.　　　　*A. marginata.*

11. Minor; femoribus posticis crassis, abdomine forte punctato;
segmentis 3 ad 6 cæruleo-marginatis.

　　　　　　　　　　　A. cincto-femorata.

12. Minima; femoribus posticis crassissimis, tuberculatis, tibiis
posticis excavatis levi dente armatis. 1° tarsorum articulo externe uncinato, 5° longissimo.　*A. pygmea.*

13. Magna; femoribus posticis crassis; 1°, 2°que articulo tarsorum
intermediorum nigro-penicillato; tibiis posticis excavato-
concavis dente armatis, penicillatis. 1° articulo tarsorum
posticorum difformi dente obtuso armato.　*A. dives.*

Nº 1. **ANTHOPHORA ZONATA.**

Lep. Hym., 11, 25 1.

Apis zonata, L. Syst. nat., 1, 955, 19.
Andrena zonata, Fab., Ent. Syst. 11, 311, 19.
Megilla zonata, Fab., Syst. Piez , 531, 13.

Long. : — Corps 15 mm.; Ailes 9 mm.

♀ *Media; nigra; capite, thorace et pedibus rufo-cinerescenti-hirtis. Clypeo* ♂, ♀ *plus-minùs nigro-lineato. Segmentorum abdominalium apicibus 1-4* ♀, ♂ *1-5, metallice-cœruleo-fasciatis. Alœ hyalinœ.*

♀ Noire. Antennes en dessous rousses ou testacées, presque ferrugineuses; 1er article en dessous jaune. Chaperon blanchâtre, portant deux taches noires, grandes, carrées. Labre blanc avec deux petits points noirs, un de chaque côté à sa base. Poils de la tête roux, mêlés de quelques-uns de noirs sur le vertex. Poils du milieu du corselet et de ses côtés roux, ceux du dessous blancs. Segments de l'abdomen hérissés de poils noirs; bord postérieur de chacun d'eux portant une bande de poils couchés, d'un bleu argentin; poils du 5e segment noirs, les côtés en ayant de blancs (1). Anus noir; les segments en dessous sont bordés de poils d'un brun roussâtre. Poils des pattes antérieures blanc-sale, leurs tarses roussâtres. Poils de pattes intermédiaires noirs, dessus de leurs jambes et origine de leurs tarses blancs. Poils des pattes postérieures noirs, à l'exception de la moitié de la partie postérieure de la jambe prise en long, qui les a blancs. Ailes assez transparentes ,

(1) Chez les individus nouvellement éclos, il existe sur le milieu du cinquième segment une petite touffe de poils blancs.

nervures brunes ; 1er article des tarses postérieurs quelquefois un peu dilatés.

♂ Dessous du 1er article des antennes, chaperon, joues, labre, mandibules jaunes, sauf deux lignes suturales noires sur le chaperon, deux points noirs en haut sur le labre; ces lignes noires sont peu apparentes chez certains mâles. Abdomen et pattes comme dans les femelles. Les bandes des segments sont parfois plus larges que dans les femelles.

Nouvelle-Hollande. Manille. Indes Anglaises, Françaises
Collection Sichel, Dours.

De nombreux spécimens reçus de toutes les régions de l'Asie, permettent de grouper d'une manière certaine les variétés suivantes qui ne sont que des modifications du type dues à des influences diverses. Dr Sichel.

VAR. 1.   **ANTHOPHORA CINCTA.**

MEGILLA CINCTA. Fab., Syst. Piez., 330, 9 ♀ .

Long.: — Corps 18 mm.; Ailes 10 mm.

♀ *Paulo major; capite, thorace, pedibus ardentè-rufis. Alœ fusco hyalinœ.*

♀ Noire. Face comme dans le type. Poils de la tête et du corselet en dessus roux ferrugineux, blanchâtres en dessous. Segments de l'abdomen noirs, chacun d'eux portant une bande de poils couchés d'un bleu plus ou moins argenté, un peu roux sur le 1er, 5e segment noir. En dessous les segments ont des poils noirs roussâtres au milieu, blancs sur les côtés. Poils des pattes en dessus rouge ferrugineux, noirs en dessous. Ailes un peu enfumées, nervures brunes.

Nouvelle-Hollande.   Collection Sichel, Dours.

SUBVAR. MINOR. *Pedibus nigro, vix fulvo-pilosis.*

SUBVAR. AFRICANA.

♂ Conforme à la femelle, sauf les différences sexuelles.

VAR. 2. **ANTHOPHORA CINGULATA.**

Lep., 11, 46, 20.

MEGILLA CINGULATA, Fab., Syst. Piez., 332, 18.
ANDRENA CINGULATA, Fab., Ent Syst., 2, 314, 50.

Long. : — Corps 18 mm.; Ailes 10 mm.

Capite cinerescenti-hirto. Abdominis fasciis pallidè cæruleis, è pilis brevibus stratis; metallicè vix nitentibus. Pedum pilis extùs cærulescentibus. Alæ sordidæ, hyalinæ.

♀ Face comme dans le type. Antennes presque entière-ment ferrugineuses. Poils de la face et du corselet en dessus hérissés cendrés, roux sur les côtés, plus pâles en dessous. Abdomen noir revêtu de poils noirs, courts, un peu cendrés sur le 1er segment; chacun de ceux-ci bordé d'une bande de poils courts couchés, verts-bleuâtres, sans reflet métallique marqué. Anus noir; côtés du ventre et segments en dessous garnis de poils blanchâtres. Poils des pattes noirs en dessous, en dessus bleuâtres, pareils à ceux de la frange des segments. Ailes un peu enfumées. La coloration bleue des poils des pattes devient cendrée chez les sujets vieux.

♂ Antennes presque ferrugineuses. 1er article en dessous jaune. Chaperon ferrugineux avec deux lignes suturales noires. Labre jaune avec deux points noirs en haut. Mandi-bules jaunes, noires au bout. Poils de la face, du vertex et du corselet en dessus roux-cendrés, avec quelques-uns noirs, courts. Abdomen noir, 1er segment hérissé de poils cendrés, courts; tous les segments bordés d'une bande de poils bleu-verdâtre, sans reflet métallique. Anus noir. Pattes comme dans la femelle.

Nouvelle-Hollande.

Collection Sichel, Dours.

Subvar. **ANTHOPHORA SUBCÆRULEA.**

Lep., 11, 30, 4.

Differt à var. 2. Fasciis segmentorum abdominis griseo-pallidis vix subcæruleis. Var. indica.

Pondichéry.

Collection Dours.

Var. 3.   **ANTHOPHORA PULCHRA.**

Smith., 335, 87.

♀ Thorace rufo-fulvo; pedibus pallidè rufo-fulvo (non cærulescenti), capite, thoraceque subtùs albido-cinerescenti (nullo modo cærulescenti vel viridescenti) pilosis. Abdominis 1-5 fasciis albescenti-subcærulescentibus, hinc indè leviter viridescentibus.   (SICHEL).

Evidenter zonatæ varietas in cingulatam et subcærulescentem, transeuns.   (SICHEL).

Australia.   (Je n'ai pas vu cette variété).

Var. 4. **ANTHOPHORA ATRO-CÆRULEA. Sichel.**

Long. : — Corps 15 mm.; Ailes 12 mm.

♀ Nigra. Thoracis, capitisque pilis rufis, vel ferrugineo-nigris partim viridescentibus. Abdominis 1-4 latè metallico-cæruleo marginatis. Femoribus nigro-ferrugineo pilosis, duobus anterioribus viridescentibus. Alis fumatis.

(SICHEL).

Célèbes.

Collection Sichel, Dours.

Remarquable variété dont on retrouve les analogues dans les espèces A. 4-*fasciata* de Vill. et A. *nigro-maculata*. Luc.

VAR. 5. ANTHOPHORA FLAMMEO-ZONATA Dours.

Long. : — Corps 12 mm.; Ailes 8 mm.

♀ *Nigra; facie A. zonatæ; thorace pedibusque rufo-pilosis; fasciis 5°que segmento omninò, flammeo-squammosis leviter cupreo-micantibus. Alis hyalinis.*

♀ Antennes roussâtres, sauf le dessous du 1er article qui est jaune, le 2e, le 3e qui sont noirs. Chaperon jaune, à l'exception de deux grandes taches noires sur le milieu. Labre jaune, deux petits points noirs sur les côtés, en haut. Mandibules jaunes, leur bout noir. Poils de la face et du corselet en dessus fauves, mêlés de noirs, blancs en dessous. Abdomen noir; 1er segment ayant quelques poils fauves, 2e, 3e, 4e entièrement noirs, avec quelques poils de cette couleur très-courts; 5e segment en entier et base des quatre premiers portant une bande de poils orangés, couchés, simulant des écailles et présentant une teinte cuivrée métallique indécise. Base du 5e et anus portant quelques poils ferrugineux. Pattes fauves en dessus, noires en dessous. Ailes transparentes, côte et nervures noires. — Voisine de la *Megilla fasciata* et *4-cincta* Fab., mais se rapprochant du groupe des *Zonata* par la teinte cuivreuse métallique des segments abdominaux.

Sumatra   Collection Dours.

VAR. 6. ANTHOPHORA ANALIS. Sichel.

Long. : — Corps 16 mm.; Ailes 11 mm.

♂ *Nigra, nigro-pilosa; pilis capitis et thoracis partim, segmentorum abdominalium 4, 5 omninò, cinerescenti-subcæruleis; alis fusco-hyalinis.*

Os fere A. 4-zonatæ ♀, sed maculis duabus maximis

quadratis nigris baseos clipei; suprâ basim clipei maculâ triangulari flavâ parvâ, et utrinque inter clipeum orbitasque internas nigras, lineolâ flavâ nigro-pilosâ; genis pectorisque albido-pilosis; capite (clipeo excepto), pronoto et mesothorace pilis cinerescentibus, intermixtis, hinc, indè subcæruleis. Segmentorum abdominalium 4, 5, pedumque anticorum, tibiarum præsertim, pilis cinerescentibus, in recentibus forsan albis, subcæruleis; 6° et ano nigris sub nudis; 6° utrinque albido-ciliato, pedes nigro-picei, posteriores nigro-pilosi. Alæ fusco hyalinæ leviter cupreomicantes, venis nigris.   (SICHEL).

Guinea.

(Je n'ai pas vu cette variété).

Collection Drewsen.

Var. 7.   **ANTHOPHORA VIGILANS. Smith.**

Long. : — Corps 23 à 25 mm ; Ailes 11 à 12 mm.

♀ *Nigra, parcè rufo-pubescens; thorace fulvo-rufo-hirto. Abdominis segmentorum fasciis apicalibus fulvo-rufis; pedibus rufo-piceis, tibiarum posticarum scopâ sub aureo-ferrugineâ. Alis sordidè flavo-hyalinis.*

Clypeus fere A. 4-zonatæ, maculis nigris maximis. Abdomen pallide nigrum, segmentis pallide nigris, parcissimè fulvo-rufo-pubescentibus, margine apicali (præsertim ventrali), decolorato, testaceo, fulvo-rufo fasciato; (fasciarum pilis decumbentibus); segmento 5° paulo, sed vix rufopilosiori. Alis sordidè flavo-hyalinis, leviter cupreo-micantibus.   (SICHEL).

Célèbes.

(Je n'ai pas vu cette variété).

Collection Drewsen.

N° 2.　　ANTHOPHORA 4-FASCIATA.

ANTHOPHORA NIDULANS, Lep. hym., 2, 27. ♂ ♀.

    Brullé, Hist. Nat., il. Can , 5, p. 84, 8.

    Lucas, Expé. Sc. Alg., 3, 142, 4.

APIS NIDULANS, F. Ent. Syst., 2, 330, 72. (Var. Thorace cinerescenti piloso; abdomine albo-fasciato)

CENTRIS NIDULANS, Fab., Syst. Piez , p. 357, 11.

APIS QUADRIFASCIATA , de Vill., Ent., 3, 319, 90. (Var. Thorace rufo, cæterim albo-pilosâ.)

MEGILLA CIRCULATA, Fab., Syst Piez., p. 532, 17. (Thorace tomentoso fulvo, abdomine atro; segmentorum marginibus albis.)

ANTHOPHORA NANA. Evers., Bull. des Natur. de Mosc , 1852, p. 113, 8 Var. 6

ANTHOPHORA GARRULA. Germ.

APIS GARRULA. Rossi, 2. p. 101, 908. ♀

Long. : — Corps 10 mm.; Ailes 10 à 13 mm.

♀ ♂ *Media, nigra, varia. Ore ♀ flavo, nigro-vario; ♂ flavido, vel albido, vix nigro-vario; thorace fulvo vel cinerescenti, pleuris pectoreque hirtis (sterno interdùm nigro-piloso), segmentorum abdominalium fasciis apicalibus (♀ 4, ♂ 5), utrinque in ventrem decurrentibus albis, rufis, vel rufescentibus; ano utrinque albo-piloso in medio nigro, tibiis extùs albido-pilosis. Alis hyalinis.*

    ♂ *Fœminâ fere dimidio minor.*

    ♀ Noire. Chaperon blanc, à l'exception de deux taches carrées plus ou moins grandes, qui sont noires. Labre jaune avec un petit point noir de chaque côté de sa base. Mandibules jaunes, noires au bout. Poils de la face cendrés, plus ou moins roux. Corselet en dessous hérissé de poils roux, fauves, cendrés suivant l'état plus ou moins frais du sujet; en dessous ces poils sont blancs. Abdomen noir, revêtu de poils couchés, rares, courts, fauves ou cendrés. Chacun des

segments bordés d'une bande de poils de cette couleur, qui
varie du blanc éclatant au ferrugineux; dernier segment noir
au milieu, blanc sur les côtés. Poils des pattes en dessus
hérissés blancs ou roux, tarses postérieurs noirs. Ailes un
peu enfumées; nervures brunes.

♂ Moitié plus petit que la femelle. Chaperon, labre,
mandibules, dessus du 1ᵉʳ article des antennes jaune, souvent de couleur éburnée. Deux petits points noirs de chaque
côté du labre. Poils de la tête et du corselet en dessus
hérissés cendrés, plus ou moins roux. Abdomen noir,
recouvert chez les sujets frais de poils courts, rares, couchés
tantôt roux, tantôt cendrés. Chacun des segments bordés
d'une bande de poils de cette couleur, qui varie du blanc
éclatant au ferrugineux, et qui est interrompue au milieu
de la 5ᵉ; le 6ᵉ segment n'a que des poils noirs. Poils des
pattes en dessus hérissés blancs ou roux, en dessous noirs,
ainsi que ceux des tarses postérieurs. Ailes un peu enfumées; nervures brunes.

Depuis l'Europe Méridionale jusqu'au Cap de Bonne-Espérance.
Saint-Sever, Perpignan, Montpellier, Cannes.
Corse, Florence, Naples, Sicile.
Algérie, Tanger, Egypte, Syrie.
Indes Orientales, Amérique Centrale et Méridionale.

Cette espèce cosmopolite présente une foule de nuances pouvant
se résumer dans les variétés et sous-espèces suivantes, dues à l'altitude, à la chaleur, etc., etc., et offrant les divers états connus sous
les noms d'Albinisme, de Mélanisme, d'Erythrisme, de Flavisme.

TRIBUS 1.

♀ *Metatarsi postici duo, nigro-pilosi.*

SUBVARIETAS α.

Caput albido-hirtum; vertex rufo-hirtus (plerùmque lineâ

pilorum nigrorum inter verticem et occiput). Antennis rarissimè subtùs piceo-rufis, vel rufescentibus. Fasciæ abdo-
minales albæ. Metatarsi duo posteriores nigri. (Variant
interdùm basi postice nigræ.) Abdominis segmentum 1 nigrum, basi albido-pilosum, apice albo-fasciatum.

SUBVAR. 6. Rufescens, omnium pilorum color rufus,
pleuris interdùmque tibiis extùs albido-pilosis. 5° segmento
sæpè albo-fasciato.

♂ Typico paulò minor.   (Dʳ SICHEL).

Florentia, Montepessulo, Neapoli, Algiria.

VAR. 1. **ANTHOPHORA MADERÆ**. Sichel.

Reise, p. 14.

♀ *Nigra; nigro-pilosa. Abdominis fasciis tibiarumque pilis
pallide rufis. Alis sordidè hyalinis; ore ♀ flavo-maculato,
♂ flavo.*

♀ Chaperon jaune, deux grandes taches carrées de
chaque côté. Labre jaune; deux points noirs en haut sur les
côtés. Mandibules jaunes, leur extrémité noire. Poils de la
face, du corselet en dessus et en dessous noirs. Abdomen
noir, presque dépourvu de poils; 2ᵉ, 3ᵉ, 4ᵉ segments bordés
d'une frange de poils couchés, ferrugineux, pâles; cette
frange à peine marquée sur le bord du 1ᵉʳ segment. Anus
noir, quelques poils ferrugineux sur les côtés. Poils des
pattes noirs en dessus, sauf ceux des jambes, qui sont ferrugineux-fauves. Tarses postérieurs en dessous lavés de ferrugineux. Ailes enfumées.

♂ Dessous du 1er article des antennes, face, à l'exception de deux points noirs sur les côtés du labre, mandibules jaunes. Poils de la face et du corselet en dessus ferrugineux-fauves, plus pâles en dessous. 1er segment hérissé de poils noirs mêlés de fauves; les autres segments peu garnis de poils noirs, ponctués, chacun d'eux orné d'une frange de poils couchés ferrugineux-fauves; frange très-interrompue au 5e. Anus noir. Poils des pattes noirs en dessus, sauf ceux des jambes, qui sont ferrugineux-fauves. Tarses en dessous lavés de ferrugineux. Ailes moins enfumées que dans la femelle.

Madère.

Collection Sichel, Dours.

Cette variété remarquable a son analogue dans *A. nigro-maculata* Luc., comme je l'établirai plus bas.

Var. 2.   **ANTHOPHORA ALBESCENS. Dours.**

Long : — Corps 12 à 15 mm ; Ailes 7 à 9 mm.

♀ *Cinereo-villosa. Abdomine nigro; fasciis 2, 3, 4 niveis, 1 cinerescenti; pedibus extùs albo-pilosis, metatarsis nigris.*

♀ Noire. Antennes ferrugineuses, sauf le 2e et le 3e articles, qui sont noirs. Chaperon, labre et mandibules jaunes, sauf deux taches noires se rejoignant parfois sur le haut du chaperon, deux points noirs sur les côtés du labre. Face recouverte de poils argentés, cendrés sur le vertex et le dessus du corselet; blancs en dessous, un peu fauves sur les côtés. Abdomen noir; 1er segment hérissé de poils cendrés, 2e, 3e, 4e portant une large bande de poils courts, très-blancs; 5e segment et anus noirs, avec quelques poils blancs

sur les côtés et quelques poils ferrugineux au bout. Pattes
en dessous hérissées de poils blancs éclatants, noirs ferrugineux en dessous. Tarses noirs. Ailes transparentes;
nervures et côte noires.

Algérie.

Collection Dours.

♂ Les poils du corselet plus blancs que dans la femelle;
5ᵉ segment recouvert de poils argentés interrompus au
milieu.

Budna.

Collection Dours.

Var. 3. **ANTHOPHORA MUCOREA.**

Klug., 49, fig. 14 ♀, fig. 13 ♂, 11.

Long.: — Corps 14 mm.; Ailes 9 mm.

♀ *Nigro, cinereo-villosa. Abdominis segmentis apice, tibiis
extus albis, clypeo labroque pallidis. Antennis testaceo-
ferrugineis. Alæ hyalinæ.*

♀ Antennes ferrugineuses; le 1ᵉʳ et le 2ᵉ articles noirâtres. Chaperon jaune, son bord inférieur ferrugineux,
deux taches triangulaires noires sur le milieu. Labre jaune,
deux points noirs sur les côtés, en haut. Mandibules jaunes,
noires au bout. Poils de la face et du corselet en dessous et
sur les côtés d'un blanc sale, roux sur le vertex et sur le
corselet en dessus. 1ᵉʳ segment de l'abdomen hérissé de
poils roux; 2ᵉ, 3ᵉ, 4ᵉ ayant quelques poils noirs, rares.
5ᵉ segment tout entier hérissé de poils roux et cendrés, sauf
sur le milieu, qui porte un pinceau de poils noirs; chaque

segment est garni en outre d'une bande de poils couchés, roux-cendré, très-large sur le 2e, 3e, 4e. Anus noir. Abdomen en dessous ferrugineux, ses segments ciliés de poils blancs. Pattes ferrugineuses, recouvertes en dessus de poils d'un blanc sale, noirs ferrugineux en dessous. Ailes transparentes; côte, nervures brunes.

♂ Plus petit d'un tiers que la femelle; antennes d'un brun ferrugineux, sans tache sur le 1er article. Face jaune, immaculée, sauf deux petits points noirs sur les côtés du labre. 6e segment de l'abdomen et anus noirs, avec quelques poils ferrugineux. Le reste comme dans la femelle.

Abyssinie.   Collection Dours.

C'est avec doute que je rapporte ce mâle à l'*A. Mucorea* Klug. La figure de cet auteur diffère par le 3e segment abdominal entièrement recouvert de poils blancs; par le 1er article des antennes jaune en dessous. Ce n'est peut-être qu'une variété.

Var. 4. **ANTHOPHORA SEMI-PULVEROSA**. Sichel.

♀ *Rufo-fulva. Abdomine nigro; 4o, 5o cinereo-pubescentibus, fasciis 1-3 rufo-fulvis; femoribus ferrugineis, fulvo pilosis.*
(Sichel.)

♀ Face semblable à celle de l'*A. 4-fasciata*. Poils du vertex et du corselet en dessus fauve-roussâtres, blancs en dessous. Chaperon de couleur testacée ou ferrugineuse. Antennes ferrugineuses. Abdomen noir; bords des 1er et 3e segments recouverts de poils roussâtres ou cendrés, le 4e et le 5e tout-à-fait cendrés, simulant des écailles de papillon; le 5e en outre est noir à son extrémité. Anus noir. Pattes en dessous rousses, presque ferrugineuses. Ailes transparentes.

Indes Orientales.

Collection Sichel, Dours.

♂ Moins long et moins large que la femelle. 4ᵉ, 5ᵉ segments de l'abdomen recouverts de poils cendrés au milieu, imbriqués en forme d'écailles, noirs sur les côtés; 6ᵉ segment et anus noirs. Ailes transparentes.

Natal.

Cette variété, par la taille, est intermédiaire entre *A. 4-fasciata* et *A. albigena.*

Tribus 2.

♀ *Metatarsi postici duo, albo vel albido-pilosi. (Typice conformis.)*

Subvar. γ. ♂. 5ᵢ segmenti fasciâ interruptâ, subrufescenti.

Neapoli.

♀ Metatarsi antici externè, maculâ angustâ, flavâ, triangulari ornati.

Subvar. γγ. ♀ ♂ Thorace, pedibusque extùs rufo, vel rufescenti-pilosis. Fasciis rufis, vel rufescentibus. 1° nigro, basi albido-piloso.

Pedemon.

♂ Rufescens, sterni pedumque anteriorum pilis albidis. 1ᵢ segmenti medio pili nigri, fulvis mixti. 5ᵢ segmenti, fasciâ continuâ. (Dᵣ Sichel.)

Italia, Corsica.

5

VAR. 5. **ANTHOPHORA DOMINGENSIS.**

Lep., 11, 32, 6, ♂.

A. MACULICORNIS, Lep., 11, 32, 5.
A MELALEUCA, Lep., 11 32, 7 (Senex).

Long. : — Corps 12 mm.; Ailes 9 mm.

♀ *Nigra; facie A. 4-fasciatæ. Capitis, thoracis 1que segmenti pilis rufis. Fasciis abdominis rufo-pilosis, femoribus ferrugineis.*

♀ Noire. Face de l'*A. 4-fasciata.* Poils de la face, du corselet en dessus et du 1er segment de l'abdomen roux, mêlés de noirs. 2e, 3e, 4e, 5e segments noirs, avec quelques poils de cette couleur, courts. Base de tous les segments portant une bande de poils couchés, roux chez les sujets frais. Anus noir, avec quelques poils ferrugineux. Abdomen en dessous ferrugineux. Pattes ferrugineuses, leurs poils en dessus roux, avec une petite touffe de poils blancs à l'extrémité des cuisses postérieures. Dessous du 1er article des tarses noir. Ailes transparentes. Côte, nervures noirâtres; point calleux testacé clair.

♂ Semblable à la femelle, sauf les différences sexuelles de la face. 6e segment et anus hérissés de poils noirs, mêlés de ferrugineux.

Sénégal.

Collection Dours.

A. maculicornis est une variété à antennes tachées de ferrugineux sur le 3e article; à pubescence moins rousse, plus cendrée.
A. melaleuca est un sujet vieux, usé.

(SICHEL.)

Var. 6.   **ANTHOPHORA SOCIA.**

Megilla socia, Klug., Symb. ph. Déc., 5, 2, 49, f. 6, ♀.

Abdominis primum segmentum totum pallide hirtum nec vel vix fasciatum.

Syria, Cypro.

Collection Sichel, Dours.

♀ Noire. Poils de la face cendrés, roux sur le vertex et sur le thorax en dessus; quelques poils noirs sur le milieu de ce dernier. 1er segment hérissé de poils roux, les autres segments noirs très-finement ponctués; 2e, 3e, 4e segments bordés d'une frange de poils roux couchés; 5e segment noir. Anus ayant quelques poils ferrugineux. Pattes en dessus hérissées de poils cendrés plus ou moins roux; ils sont noirs ferrugineux en dessous, surtout au 1er article des tarses postérieurs. Ailes un peu enfumées.

♂ Dessous du 1er article des antennes jaune. Chaperon (deux lignes suturales noires sur les côtés), labre (deux points noirs sur les côtés), mandibules jaunes. Poils de la face cendrés, ceux du vertex et du corselet en dessus roux, blancs en dessous. 1er segment de l'abdomen hérissé de poils roux, mêlés de blancs sur les côtés, les autres segments noirs; 2e, 3e, 4e, 5e bordés d'une frange de poils couchés, roux ou blancs, interrompue au milieu du 5e. Anus noir. Pattes en dessus hérissées de poils cendrés plus ou moins blancs, de noirs ferrugineux en dessous, surtout aux tarses postérieurs. Ailes un peu enfumées.

Corse.

Collection Sichel, Dours.

Var. 7. ANTHOPHORA FARINOSA.

MEGILLA FARINOSA, Klug, Symb. phys., déc., V. T. 50, f. 2. ♀ ♂.

Nigra, pilis omnibus cinerescentibus, sœpiùs albidis. 1° seg-
mento albo-piloso, fasciis omnibus latè albis. ♂ ♀.

♀ Noire; face semblable à celle du type. Poils de la face
et des côtés de la tête blancs, ceux du vertex et du corselet
en dessus sont cendrés, un peu roux en arrière, tout-à-fait
blancs en dessous de ce dernier. 1er segment de l'abdomen
hérissé de poils cendrés, un peu roux; les autres segments,
à l'exception du dernier qui a quelques poils noirs, sont
nus, brillants, très-finement ponctués. Pattes ferrugineuses,
leurs poils blancs avec une légère teinte rousse, surtout sur
les postérieures. Ailes transparentes; côtes, nervures ferrugineuses. Point calleux testacé, très-pâle.

Arabie Heureuse, Cafrerie.   Collection Sichel, Dours.

♂ Semblable à la femelle, sauf les différences sexuelles.

Cette variété se distingue à peine de la suivante.

Var. 8. ANTHOPHORA ALTERNANS. ♀

MEGILLA ALTERNANS, Klug, Symb phys., déc.. V. 2, 50, f. 3.

♀ *Nigra, pilis thoracis cinerescentibus; fasciis abdominis*
cinerescenti-fulvescentibus vel albidis, tomentosis.

♀ Noire, ponctuée; face semblable à celle du type. Poils
de la tête hérissés, cendrés; ceux du corselet en dessus sont
grisâtres, un peu plus pâles en dessous, roux sur les côtés.

1er segment de l'abdomen hérissé de poils blanchâtres, les autres en ont de noirs, rares, très-courts. Bord inférieur de tous les segments orné d'une bande de poils couchés, blancs, tomenteux plus large sur le milieu. Poils de l'anus noirs; en dessous, les segments portent une bande très-étroite de poils blanchâtres, s'élargissant sur les côtés. Poils des pattes blanchâtres en dessus, noirs, lavés de ferrugineux en dessous. Ailes un peu enfumées; côte, nervures ferrugineuses. Point calleux testacé, clair.

SUBVAR. ε. *Rufescens*. Poils du corselet, du 1er segment de l'abdomen, des bandes, des pattes, roux plus ou moins foncé.

Egypte, Piémont, Etrurie, Naples, Corse.

Collection Sichel, Dours.

VAR. 9. ANTHOPHORA CONFUSA.

Smith, Catal. 94.

♀ Thorace pedibusque albido-cinerescenti pilosis. Metatarsis posticis nigris, baseos margine postico tantùm albido-cinerescenti-piloso (ut interdùm in Africanis). Tibiarum posticarum dimidii basalis margine postico nigro-piloso. Segmento 5° nigro, utrinque albo-ciliato, segmentis ventralibus piceo-subrufescentibus, margine apicali utrinque albo ciliato; alis sordide hyalinis. Tibiæ intermediæ quoque suprà pallide-albido-pilosi, at pilis minùs densis, margine posteriori dense albido-fimbriato.

(SICHEL.)

India.

Collection Drewsen.

(Je n'ai pas vu cette variété.)

Var 10.   ## ANTHOPHORA NIVEA.

Lep., 11, 52, 26.

Megilla incana, Klug, Tab. 49, f. 12, n° 10.

Long.: — Corps 13 à 14 mm.; Ailes 10 mm.

♀ *Nigra, cinerescenti villosa; antennis femoribusque ferrugineis, cinereo villosis. Abdominis fasciis cinerescenti-squammosis. Alæ hyalinæ.*

♀ Noire. Antennes ferrugineuses, sauf le 2e article et la base du 3e qui sont parfois noirs. Chaperon ferrugineux portant deux petites lignes suturales, quelquefois deux taches triangulaires noires sur le milieu. Labre ferrugineux-jaunâtre, avec deux points noirs sur le côté, en haut. Mandibules jaunes, noires au bout. Poils de la face et du corselet en dessous blancs sale, ceux du vertex et du corselet en dessus cendrés, roussâtres. 1er segment de l'abdomen hérissé de poils de cette couleur; les autres segments ayant des poils courts, couchés, ressemblant à des écailles, d'un blanc plus ou moins roussâtre. Chacun des segments porte une large bande de poils roussâtres; 5e segment tout entier garni de poils de cette couleur, sa partie moyenne et l'anus noirs, avec quelques poils ferrugineux. Abdomen en dessous ferrugineux, avec les segments garnis de cils blanchâtres. Pattes ferrugineuses, recouvertes en dessus de poils cendrés, noir-ferrugineux en dessous. Ailes transparentes; côte et nervures brun-pâle. Point calleux testacé, clair.

Sénégal.

Subvarietas ♂. Omnino rufescens. Thoracis femoribusque pilis rufescentibus, ferrugineis.

Abyssinie.

Collection Dours.

♂ Semblable à la femelle, sauf les différences sexuelles de la face et des antennes; 6ᵉ segment recouvert entièrement de poils roussâtres. Les bandes des segments sont aussi plus larges.

N° 3. ANTHOPHORA ALBIGENA.

Lep., 11, 28, 5.

A. BINOTATA, ♂ Lep., 11, 58, 12.

Long. : — Corps 11 mm.; Ailes 8 mm.

Minor, nigra. Clipei lineâ intermediâ flavâ, raro nullâ. Thorace cinerescenti, interdùm rufo. Abdominis fasciis albis. 5° segmento albo-piloso, apice nigro.

♀ Noire, une tache triangulaire au-dessus du chaperon. Celui-ci noir, portant ordinairement dans son milieu une ligne perpendiculaire et une autre transverse, avant le bord inférieur, lignes jaunes, invisibles chez deux femelles de ma collection, très-larges au contraire chez deux autres. Joues blanches chez les sujets frais, le plus souvent jaunes, recouvertes de poils blancs. Labre blanc portant de chaque côté un point noir sur sa base. Mandibules blanches, noires au bout. Sommet de la tête hérissé de poils noirs. Antennes en dessous plus ou moins roussâtres. Corselet en dessus hérissé de poils cendrés, rarement roux, plus blancs en dessous. Abdomen noir, finement ponctué, hérissé de poils noirs très-courts. Chacun des segments est bordé d'une frange de poils couchés cendrés, un peu roussâtres; 5ᵉ segment entièrement recouvert de poils blancs, si ce n'est à son extrémité, qui est noire. Poils des pattes et du 1ᵉʳ article des tarses postérieurs blancs en dessus, noirs avec une teinte ferrugineuse en dessous. Ailes transparentes.

♂ Noire; antennes roussâtres, le dessous du 1ᵉʳ article, face toute entière de couleur éburnée, à l'exception de deux lignes très-étroites sur les côtés du chaperon et de deux points noirs sur les côtés du labre. Poils du vertex, du corselet en dessus cendrés, rarement roux, plus blancs en dessous. Abdomen noir, finement ponctué; 1ᵉʳ segment hérissé de poils cendrés, les autres en ont quelques-uns de noirs. Chaque segment est bordé d'une frange de poils couchés, blancs, parfois un peu roux. Anus noir. Poils des pattes en dessus blancs, noir-ferrugineux en dessous. Tarses postérieurs noirs.

France, Corse, Italie, Grèce, Algérie, Syrie, Indes (Variétés).

Collection Sichel, Dours.

VAR. 1. Subvar. α. Metatarsis posticis nigris. Thorace rufo-piloso.

Subvar. 6. Metatarsis posticis nigris. Thorace rufo-piloso. Segmentis 1-3 rufo-fasciatis.

Grèce, Algérie.

VAR. 2. Subvar. γ. Metatarsis posticis albis. Thorace cinerescenti-piloso; fasciis abdominis vix rufescentibus.

France, Corse.

Subvar. δ. Metatarsis posticis albis. Fasciis abdominis rufis.

Algérie.

VAR. 3.   **ANTHOPHORA NIVEO-CINCTA** ♀.

Smith, Cat. 92, p. 337.

ANTHOPHORA CALENS, Lep., 11, 49, 23 ♀.

Long. : — Corps 10 mm.; Ailes 6 mm.

♀ *Cinerescens, antennis, femoribus et ventre rufo-ferrugi-*

*neis. Abdominis fasciis niveis, pedibus sordidè albo-pilosis.
Alis hyalinis ♀.*

♀ Noire. Dessous du 1er article des antennes jaune, 2e,
3e articles noirs, les autres ferrugineux. Chaperon ferrugineux-jaunâtre, avec deux taches triangulaires sur les côtés.
Labre jaune, deux points noirs en haut. Mandibules jaunes,
noires ou ferrugineuses au bout. Poils de la face et du corselet en dessus fauves, blancs en dessous. 1er segment de
l'abdomen hérissé de poils fauves, 2e, 3e, 4e ayant des poils
rares, noirs. Base de tous les segments portant une bande
de poils blancs couchés, cette bande recouvrant le 5e segment tout entier. Anus noir, avec quelques poils ferrugineux au bout. Abdomen en dessous et pattes ferrugineuses.
Celles-ci en dessus sont hérissées de poils d'un blanc sale,
et de noirs en dessous.

Pondichéry.   Collection Dours.

Souvent, dans l'*A. niveo-cincta* ♀, les trois premiers articles
des antennes sont noirs.

SUBVAR. ε. *Anthophora ruficornis,* Sichel : Antennes entièrement ferrugineuses, corselet hérissé de poils fauves-
roussâtres. Abdomen en dessous et pattes *ferrugineuses-
noires.*

Tranquebar.

Les espèces désignées dans Fab., Syst. Piez., *Megilla 4-cincta.*
p. 333, 24, *Megilla fasciata,* p. 334, appartiennent bien certainement au groupe de l'*A. calens.*

♂ *Nigra; fulva; antennis ferrugineis, scapo subtùs flavo,
femoribus et ventre nigro-ferrugineis. Abdominis fasciis niveis,
pedibus sordidè albo-pilosis; alis hyalinis.*

Noire; dessous du 1er article des antennes jaune, 2e et
base du 3e noirs, les autres ferrugineux. Chaperon jaune,

avec deux lignes suturales noires à peine marquées sur les
côtés. Labre et mandibules jaunes, celles-ci noires au bout.
Poils de la face jaunes, roux sur le vertex et sur le corselet
en dessus, blancs en dessous. 1er segment de l'abdomen
ayant quelques poils roux mêlés de noirs; les autres segments hérissés de poils noirs rares au milieu, plus abondants
à la base. Chacun des segments porte une bande de poils
blancs couchés; cette bande recouvre le 5e segment presque
en entier. 6e segment et anus noirs; en dessous les segments sont garnis de cils blancs, noirs au milieu. Pattes
très-obscurément ferrugineuses, hérissées en dessus de poils
d'un blanc sale et de noirs-ferrugineux en dessous. 1er article des tarses postérieurs noir. Ailes transparentes; côte
et nervures noires.

Pondichéry.   Collection Dours.

VAR 4.   **ANTHOPHORA ALBIDA.** Sichel.

Var. Africæ Occidentalis.

Minor, albescens. Capitis tibiarumque pili; metathora-
cisque utrinque fasciculus pilorum latissimus, abdominisque
fasciæ pallide niveo-albæ. Thorace cinerescenti hirto.
Affinissima et per staturam in A. albigenam transeuns, à
5°-nigro, juxtàque eam collocanda.

A. niveo-cinctà quoque similis est.   (SICHEL.)

Tanger.

N° 4. **ANTHOPHORA SQUAMMULOSA.** Sichel.

♀ *Nigra; clypeo, labro mandibulisque flavo-nigro maculatis. Thorace nigro-flavido-piloso. Abdominis 2-5 segmentis,
flavo vel albido vel cinerescenti-tomentosis. squammosis, fasciis
distinctis; 5° maculà triangulari nigrà. Pedibus nigris flavido-
cinerescenti-hirsutis. Tarsis ferrugineis. Alæ hyalinæ.*

♂ *Cinerescenti-piloso; 5° segmento in lateribus duabus dentibus acutis armato. Pygidio triangulari, in medio carinato.*

♀ Noire; partie inférieure du chaperon, labre, milieu des mandibules jaunes. Face recouverte de poils blancs, mêlés de noirs sur le vertex. Corselet en dessus hérissé de poils plus ou moins jaune-cendrés, mêlés de noirs sur le disque, blancs en dessous. 1er segment hérissé de poils cendrés; moitié inférieure du 2e et suivants en entier recouverts de poils courts très-serrés, semblables à des écailles de papillon, de couleur cendrée ou jaune. 5e segment ayant sur son milieu une touffe triangulaire de poils noirs. Bord de tous les segments portant une bande de poils plus foncés, squammeux; en dessous et sur les côtés les segments sont ciliés de poils blancs. Pattes noires recouvertes de poils plus ou moins cendrés ou jaunâtres. Ailes transparentes; côte, nervures brunès.

♂ Face jaune sans tache, recouverte, chez les sujets frais, de poils blancs mêlés de jaunes, surtout sur le vertex. 5e segment portant de chaque côté une dent aiguë. Anus triangulaire, avec une ligne saillante sur le milieu.

NOTA. En général, la pubescence du mâle est plus franchement cendrée que dans l'autre sexe.

Mexique.   Collection Sichel, Dours.

N° 5.   ANTHOPHORA RUFIPES.

Lep., 11, 50, 24.

ANTHOPHORA SAVIGNYI, Lep., 11. p. 47, n° 21?
ANTHOPHORA RUFA, Lep., 11, p. 48, n° 22?

♂ Long.: — Corps 8 mm.; Ailes 5 mm.

♀ *Parva, nigra, rufescenti-villosa. Pedibus extùs albido rufescentibus, subtùs rufis. Alæ hyalinæ.*

♀ Noire; labre (sa base et un point de chaque côté noi-râtres). Chaperon (une grande tache carrée de chaque côté de sa base, et son bord inférieur noirs), les joues, une tache triangulaire au-dessus du chaperon et base des mandibules d'un blanc jaunâtre Poils du dessus de la tête et du corselet roux mêlés de noirs, ceux du milieu hérissés noirs; base des 2e, 3e, 4e portant quelques poils hérissés noirs, mêlés sur les 3e, 4e d'un petit nombre de poils couchés blanchâtres; bord postérieur de ces quatre segments portant une bande de poils couchés d'un roux pâle chez les sujets frais. 5e seg-ment hérissé de poils couchés blancs, son bord inférieur et les côtés de l'anus revêtus de poils noirs; cils du dessous des segments blancs sur les côtés, ferrugineux sur le milieu. Les pattes antérieures sont revêtues de poils tout-à-fait blancs; chez les intermédiaires et les postérieures surtout, les poils blancs sont mêlés de poils dorés, la tranche externe des cuisses postérieures est ornée de cils blancs. En dessous les poils de toutes les pattes sont ferrugineux-doré. Ailes transparentes, côte, nervures brunes; point calleux de couleur testacé clair.

Cafrerie.   Collection Dours.

♂ Dessous du 1er article des antennes jaune; face imma-culée; extrémité des mandibules ferrugineuse. Poils de la face et du corselet en dessus et en dessous roux. 1er seg-ment de l'abdomen hérissé de poils roux abondants; 2e, 3e, 4e, 5e segments ayant des poils roux courts mêlés de noirs; 6e segment entièrement roux. Base de tous les segments portant une bande de poils roux plus large sur les derniers. Anus roux, muni de deux épines. Poils des pattes en dessus roux blanchâtres, ferrugineux-doré en dessous.

Abyssinie.   Collection Dours.

Les *Anth. rufa, Savigny* Lep., sont, je crois, des variétés de cette espèce.

N° 6. ANTHOPHORA RUFO-LANATA. Dours.

Long.: — Corps 11 mm. ; Ailes 18 mm.

Parva; nigra; capite, cinereo, thorace abdomineque nigro-fulvo-villosis. Pedibus extùs albido, subtùs aureo-pilosis. Alis hyalinis.

♀ Noire. Antennes noires, à l'exception du dessous du 1er article qui porte une tache ferrugineuse. Face entièrement noire, sauf deux taches jaunes sur les côtés inférieurs du chaperon. Mandibules noires, un point jaune à la base. Poils de la face roux-cendré, ceux du labre blancs, ceux du vertex noirs. Corselet en dessus hérissé de poils fauves mêlés de noirs sur le milieu; en dessous ils sont blancs, roux sur les côtés. 1er, 2e, 3e, 4e segments de l'abdomen hérissés de poils roux mêlés de noirs; 5e segment noir. Bord inférieur de tous les segments portant une bande de poils roux couchés; en dessous et sur les côtés les poils sont blancs. Anus un peu ferrugineux. Poils des pattes en dessus blancs, ferrugineux-dorés en dessous, principalement sur le 1er article des tarses. Ailes transparentes, côte, nervures brunes; point calleux testacé clair.

Cafrerie.   Collection Dours

Très-voisine de l'*A. rufipes.*
Forsan femina *Megillæ concinnæ.*
Klug, Symb. phys. Dec. V, fig. 11.

N° 7 ANTHOPHORA BI-PARTITA

Smith, Catal., p. 535, n° 81.

ANTHOPHORA HEMITHORACICA. Sichel.

Long. : — 16 mm.

♀ *Media, nigra; capite punctato, opaco, albido-maculato;*

thoracis dimidium anticum cum pedibus nigro-hirtum, posticum rufo-fulvo-hirtum. Abdomen nudum, labrum, alæ fusco-hyalinæ.

♀ Statura *A. 4-fasciatæ,* caput nigrum opacum dense satque profunde punctatum, albido-pilosum, verticis frontisque fasciculis pilorum nigrorum; clypei nudi linea media subcarinata, albido flavescens, apice (versus labrum) latior, labri partem basalem continuat. Abdomen nigrum, nudum, glabrum, nitidiusculum. Pedes nigri, nigro-hirti, femoribus rufis. Alæ fusco-hyalinæ, extremâ basi subhyalinæ, venis nigris. Tegulæ testaceæ, vix nigrescenti-maculatæ.

(SICHEL.)

Sina. Mus. Drewsen.

(Je n'ai pas vu cette variété.)

♀ Noire. Poils de la face gris mêlés de noirs sur le vertex et sur les côtés; chaperon portant sur le milieu une ligne jaune qui s'élargit vers le bas sur les côtés. Labre ayant deux petits points blancs recouverts de poils gris. Poils du corselet noirs dans sa partie inférieure jusqu'à la naissance des ailes; ceux de la partie postérieure sont fauves. Abdomen en dessus brillant, finement ponctué et revêtu sur les côtés et au sommet de quelques poils noirs; en dessous il prend à son extrémité une teinte ferrugineuse. Pattes un peu ferrugineuses, leurs poils noirs. Ailes enfumées, un peu irisées.

Port-Natal.   Ex Smith.

Nº 8   ANTHOPHORA ÆRUGINOSA.

Smith, Cat., p. 336, nº 89.

Long. : — 12 mm.

♀ *Nigra; capite thoraceque viridescenti pilosis. Pedibus ferrugineis, tarsis nigris. Abdomine nigro apice nigro-villoso.*

♀ Noire ; tête, corselet hérissés de poils courts verdâtres, variant de teinte suivant les individus. Chaperon, labre, mandibules jaunes; le 1er portant de chaque côté de sa base une tache carrée, le 2e deux petits points noirs sur les côtés; les mandibules sont de couleur ferrugineuse au bout, ainsi que le dessous des derniers articles des antennes. Pattes ferrugineuses, leurs tarses noirs. Abdomen en dessous ferrugineux, son extrémité porte en dessus quelques poils noirs. Ailes transparentes, côte, nervures brunes; point calleux testacé.

♂ Dessus du 1er article des antennes jaune, joues et cuisses antérieures hérissées de poils blancs, longs, épais ; jambes intermédiaires et tarses frangés en avant de longs poils noirs, blancs en arrière.

Australie. Ex Smith.

(Je n'ai pas vu cette variété.)

N° 9. ANTHOPHORA ACRAENSIS.

Smith., 343, 121.

CENTRIS ACRAENSIS, Fab., Syst. Piez, 356, 9, ♂.

APIS ACRAENSIS, Fab , Ent. Syst., 11, 529, 68.

Long.: — Corps 17 mm.; Ailes 13 mm.

Nigra, capite, abdomine pedibusque nigro-pilosis; thorace suprà fulvo-hirto ; 5° segmento ♂, anoque ♀ albo-pilosis.

♀ Noire ; un point jaune à la partie inférieure médiane du chaperon qui est très-ponctué. Poils du labre roux. Ceux du vertex, du corselet en dessous, ceux de l'abdomen hérissés, noirs; anus ayant quelques poils blancs. Corselet en dessous hérissé de poils fauves. Pattes ferrugineuses, recouvertes de poils noirs épais, surtout sur chaque tranche interne et externe. En dessous, les poils plus courts sur une teinte ferrugineuse, obscure. Ailes enfumées. Point calleux de couleur testacé-clair. Côte et nervures brunes.

♂ Dessous du 1er article des antennes, face, labre et mandibules jaunes, celles-ci noires au bout; deux taches noires triangulaires sur les côtés du chaperon. Poils de la face et de la tête en dessous blancs. Corselet en dessus hérissé de poils fauves. Abdomen noir avec quelques poils courts. 6e segment et anus recouverts de poils blancs mêlés de ferrugineux. Pattes ferrugineuses; les antérieures ayant quelques poils blancs, les intermédiaires et les postérieures hérissées de poils noirs sur leur tranche extérieure et intérieure.

Guinée.

N° 10. ANTHOPHORA ALBO-CAUDATA. Dours.

Long : — Corps 18 mm ; Ailes 14 mm.

♀ *Clipeo flavo lineato; labro mandibulisque flavo punctatis; thorace ferrugineo piloso. Abdominis segmentis 1, 2, 3 nigro, 4, 5 albo hirsutis. Tibiis posticis compresso dilatatis, hirsutis, nigris. Alis fumato-violaceis.*

♀ Noire; chaperon portant sur le milieu une ligne en forme de I. Labre noir, avec un point jaune au milieu; mandibules noires, avec un point jaune à la base. Poils de la tête fauves, noirs sur le vertex. Corselet en dessus hérissé de poils ferrugineux, noirs-cendrés en dessous. Abdomen très-finement ponctué, les trois premiers segments garnis de poils noirs-cendrés, 4e et 5e segments recouverts de poils blancs-jaunâtres. Anus noir. En dessous, les segments sont ferrugineux et garnis sur les côtés surtout de poils blancs jaunâtres. Pattes noires avec une teinte ferrugineuse. Les poils de la 1re paire sont blanc-sales, ceux des deux autres noirs, rudes. 1er article des tarses postérieurs dilaté, aplati, cilié sur ses deux tranches de poils noirs assez longs. Ailes brunes avec un reflet violet. Côte, nervures brunes; point calleux ferrugineux.

Guinée.   Collection Dours.

Ce n'est peut-être qu'une variété de la précédente.

No 11.   ANTHOPHORA NUBICA.

Lep., ♂, 11, 33, 8.

MEGILLA NUBICA, Klug, Tab. 49, fig. 8. 9, n° 7, ♀ ♂.

Long. : — Corps 18 à 20 mm.; Ailes 16 mm.

Nigra. Thorace albido-piloso; segmentis 1, 3 nigris; 4° toto ♀ albo-piloso, femoribus posticis nigris, anterioribus extùs albo-pilosis, ♂ 5° et 6° fasciâ albâ interruptâ. Alis fumatis.

♀ Noire; antennes en dessous un peu ferrugineuses, sauf le 2e et le 3e articles qui sont noirs. Chaperon jaune, deux taches triangulaires noires sur le milieu. Labre jaune, avec deux taches noires s'étendant jusqu'au sommet. Mandibules jaunes, noires au bout. Poils de la face et du milieu du corselet cendrés noirâtres, blancs sur les côtés, en dessous et à la partie postérieure. Abdomen noir finement ponctué, 1er, 2e, 3e segments ayant quelques poils noirs rares; 4e segment entièrement recouvert de poils blancs, courts, couchés; 5e segment noir, hérissé de poils blancs sur les côtés. En dessous, les segments 3, 4, 5 ont des poils blancs sur les côtés. Poils des pattes antérieures hérissés, blancs sur leur tranche externe, ferrugineux en dessous. Poils des pattes intermédiaires noirs, sauf une touffe de poils blancs sur la tranche externe du tibia. Poils des pattes

6

postérieures noirs en dessus, un peu ferrugineux en dessous, surtout au 1er article des tarses. Ce dernier porte en outre sur la tranche externe des poils épais, longs, rudes, noirs. Ailes très-enfumées; côte, nervures noires.

Var. Antennes entièrement noires.

♂ Dessous du 1er article des antennes jaune, les autres noirs, quelquefois ferrugineux à partir du 4e. Chaperon jaune, deux taches noires sur les côtés. Labre jaune, deux points noirs sur les côtés, en haut. Mandibules noires au bout. Poils de la face blancs, ceux du vertex et du milieu du corselet cendrés, mêlés de noirs; ceux du dessous, des côtés et de la partie postérieure blancs. Abdomen noir, finement ponctué. 1er, 2e, 3e segments ayant des poils noirs rares, 4e entièrement recouvert de poils blancs, 5e, 6e portant une bande de poils blancs interrompue au milieu. En dessous, les segments sont roussâtres; les côtés des 4e, 5e, 6e ont quelques poils blancs. Pattes antérieures hérissées de poils blancs, les intermédiaires et les postérieures de noirs; chacune d'elles ornée à la partie externe du tibia d'une touffe de poils blancs. 1er article des tarses postérieurs longuement cilié sur ses deux tranches, sur l'externe de poils rudes, noirs. Les autres articles des tarses de cette paire ont aussi quelques poils noirs, courts. Ailes plus transparentes que celles de la femelle. Côte, nervures noires.

Sénégal.   Collection Sichel, Dours.

N° 12.   ANTHOPHORA BICINCTA.

Lep., 11, 34, 9, ♀ ♂.

MEGILLA SESQUICINCTA, Klug, Mus. Ber.
MEGILLA VIDUA, Klug, Tab. 49, fig. 40, 8, Var.

Long. : — Corps 16 mm.; Ailes 11 mm.

♀ Nigra; thorace albo-villoso ; abdomine nigro ; seg-

mentis 3, 4 *albo-marginatis, fasciis sæpe interruptis. Alis fumatis.*

♀ Noire. Dessous des antennes ferrugineux, sauf les trois premiers articles qui sont noirs. Face jaune, deux grandes taches très-noires sur le milieu. Labre jaune, deux points noirs sur les côtés. Mandibules noires au bout. Abdomen noir portant quelques poils courts; 1er segment noir sans taches; base du 2e ornée sur ses côtés d'un point blanc; base du 3e et du 4e ayant une bande de poils couchés, un peu interrompue sur le 4e. Côtés de l'anus et du 5e segment revêtus de poils blancs lavés de ferrugineux. Cils de dessous les segments blancs sur les côtés, bruns sur le milieu. Poils des pattes antérieures hérissés, blancs en dessus, noirs ferrugineux en dessous. Poils des pattes intermédiaires noirs, sauf une touffe de blancs sur la tranche externe du tibia. Poils des pattes postérieures noirs en dessus, ferrugineux-sombre en dessous. Ailes enfumées; côte, nervures noires.

♂ Conforme à la femelle, sauf les différences sexuelles de la face et le 5e segment de l'abdomen qui est semblable au 4e.

Var. Corselet recouvert de poils fauves.

Pondichéry.   Collection Sichel, Dours.

Megilla vidua, Klug, est une variété de cette espèce à face immaculée, avec *Abdomine, fasciis duabus baseos albis* (Klug).

N° 13.   ANTHOPHORA HYPOPOLIA. Dours.

Grisonnant.

Long.: — Corps 18 mm.; Ailes 50 mm.

♀ *Magna, nigra, cano-cinerescenti tomentosa, segmentis 4-5 nigris. Facie flavâ, nigro-maculatâ; pedibus fulvis.*

♀ Noire. Poils de la tête grisâtres. Chaperon noir, à l'exception de la partie inférieure portant une large tache triangulaire jaune tirant sur le ferrugineux. Labre jaune; deux points ferrugineux de chaque côté à la partie supérieure. Mandibules, antennes noires, lavées de ferrugineux. Poils du corselet gris mêlés de fauves sur les côtés. 1er, 2e segments de l'abdomen revêtus de poils gris cendrés, hérissés sur le 1er, couchés sur le 2e. Poils du 3e segment blanchâtres, couchés, très-courts, plus apparents sur les bords supérieur et inférieur. 4e, 5e segments et anus hérissés de poils noirs peu serrés. Abdomen en dessous ferrugineux; chacun des segments en dessous bordés de poils blancs s'étendant aussi sur les côtés. Pattes ferrugineuses, recouvertes de poils gris un peu fauves en dessus, noirs en dessous. Tarses ferrugineux noirs. Ailes transparentes, nervures noires; point calleux de couleur ferrugineuse.

Province d'Orenbourg.   Collection Dours.

Cette espèce qui, au premier aspect, ressemble à l'*A. atricilla* Evers., nom qu'elle porte dans un envoi que j'ai reçu de M. le général Radoszkovsky, est très-distincte. La coloration de la face, des pattes, du sarothrum, est différente de celle de l'espèce décrite par Eversmann.

N° 14. ANTHOPHORA VIOLACEA.

Lep., 11, 80, 47.

Long. : — Corps 19 mm.; Ailes 14 mm.

Nigra, nigro-pilosa; segmentorum lateribus maculá albá. Alis fumatissimis violaceis ♀. ♂ *Antennis nigris; facie eburneá, nigro-maculatá.*

♀ Noire. Chaperon très-grossièrement ponctué, partagé en deux moitiés égales par une ligne saillante tachée de jaune près de l'extrémité inférieure. Poils de la face, du corselet et de l'abdomen noirs; côtés de chacun des segments en dessus et en dessous ornés d'une petite touffe de poils blancs. L'anus porte quelques poils ferrugineux. Poils des pattes noirs, lavés de ferrugineux. Ailes opaques, noires, avec un reflet violet.

♂ Antennes noires. Chaperon de couleur d'ivoire, avec deux grandes taches noires sur les côtés. Labre de couleur d'ivoire avec deux petits points noirs en haut. Mandibules noires, avec une tache couleur d'ivoire à la base. Poils de la tête, du corselet, de l'abdomen et des pattes noirs. L'anus porte quelques poils ferrugineux. Côtés des segments en dessus et en dessous ornés d'une touffe de poils blancs; le 6e segment porte une bande de poils blancs.

Nota. Il est probable que chez les sujets frais, la base de tous les segments porte une bande entière de poils blancs.

Indes Orientales.   Collection Dours.

N° 15. ANTHOPHORA HOLOPYRRHA. Sichel.

Xenoglossa fulva, Smith, Cat. 315, 1.

Long. : — Corps 18 mm.; Ailes 12 mm.

Nigro-ferruginea; flagello nigro-piceo; 1, 2, 3 articulis ferrugineis. Pilis omnibus fulvo-ferrugineis ♀. ♂ Facie luteo-ferrugineâ, ano quadrato, tricarinato.

♀ Antennes noires, sauf les trois premiers articles qui sont ferrugineux. Chaperon ferrugineux, portant une bande jaune à la partie inférieure. Corselet en dessus et en dessous, 1er segment de l'abdomen hérissés de poils fauves ferrugineux, les autres segments en ont de semblables, mais courts, couchés. Bord anal orné d'une plaque lisse, triangulaire.

Pattes hérissées de poils ferrugineux. Crochets du dernier article des tarses noirs. Ailes enfumées; côte, nervures noires.

♂ Face plus jaune en général que dans la femelle, à laquelle il ressemble du reste. Une plaque quadrangulaire sur le bord anal, tricarénée sur les côtés, qui sont creusés en fossette.

Mexique. Collection Sichel, Dours.

N° 16. ANTHOPHORA MELANOPYRRHA. Dours.

Long. : — Corps 15 mm.; Ailes 10 mm.

Nigra , facie flavo-maculatâ ; pilis thoracis abdominisque fulvo-hirtis; 4°, 5° aurulento-villosis. Pedibus nigris, extùs cinereo-villosis ♀ ♂.

♀ Noire; 2e, 3e article des antennes ferrugineux. Chaperon finement ponctué, noir, une grande tache jaune sur le milieu. Labre noir, avec un petit point jaune sur le milieu, en haut; ses poils cendrés, ceux du vertex noirs. Corselet en dessus hérissé de poils fauves éclatants, blancs ou cendrés en dessous. 1er, 2e segments de l'abdomen hérissés de poils fauves, le 2e et le 3e ayant chacun une large bande de couleur baie, presque nue ; 4°, 5e segments revêtus de poils fauves, couchés, longs, mêlés de quelques-uns plus petits simulant des écailles. Bord des segments portant une bande de poils plus pâle, plus distincte en dessous. Pattes ferrugineuses, hérissées en dessus de poils cendrés; de noirs ferrugineux en dessous. Ailes un peu enfumées. Côte, nervures noires.

♂ Semblable à la femelle, sauf les caractères de la face. 6e segment revêtu de poils fauves en forme d'écailles. Nervure des ailes comme dans *Habropoda.*

Mexique. Collection Sichel, Dours.

N° 17.   ANTHOPHORA ATRO-CINCTA.

Lep,, 11, 35, 10.

CENTRIS PLUMIPES, Fab., Syst. Piez, p. 356, 7.

Long. : — Corps 16 mm ; Ailes 12 mm.

♀ *Nigra; capite, thorace segmentisque 3, 4, 5 fulvo-ferru-gineo-pilosis. Thorace subtùs, pedibusque anterioribus albis, posticis compresso-dilatatis, hirsutis, nigris. Alis fumato-violaceis.*

♀ Antennes noires, avec une teinte ferrugineuse obscure. Chaperon jaune, avec deux grandes taches noires carrées sur le milieu. Labre jaune, avec la suture et deux points noirs sur les côtés. Mandibules jaunes, noires au bout. Poils de la tête, du corselet en dessus et sur les côtés d'une belle couleur fauve ferrugineuse chez les sujets frais. Méta-thorax noir. 1er segment de l'abdomen et les deux tiers supérieurs du 2e finement ponctués, hérissés de poils noirs, courts; base des 2e, 3e, 4e et 5e, en entier, recouverte de poils fauve-ferrugineux, couchés; une touffe de poils noirs sur le milieu du 5e. Anus noir; en dessous, les segments fauves sont ferrugineux au centre, ciliés de blanc sur les côtés, à partir du 2e. Poils des pattes antérieures blancs en dessus, noirs en dessous. Pattes intermédiaires et posté-rieures hérissées en dessus et en dessous de longs poils noirs, rudes. 1er article des tarses postérieurs aplati, large, cilié sur ses deux tranches de poils noirs assez longs. Ailes brunes, avec un léger reflet violet. Côte, nervures brunes.

♂ Dessous du 1er article des antennes jaune. 6e segment semblable au 4e et au 5e, sans interruption. Le reste comme dans la femelle.

Cafrerie.   Collection Sichel, Dours.

Nº 18. ANTHOPHORA AURULENTO-CAUDATA.

Dours.

Long.: — Corps 15 mm.; Ailes 10 mm.

Nigra, clypeo labroque flavo-maculatis. Capite, thorace abdominisque 1-3 segmentis nigris, 4-5 aurulento-villosis. Pedibus ferrugineis extùs nigro pilosis; sarothro cinereo, tarsis ferrugineis. Alis fumatis ♀ ♂.

♀ Noire; une large tache jaune sur le milieu du chaperon; une petite ligne jaune sur le milieu du labre. Poils de la tête, du corselet et des trois premiers segments de l'abdomen hérissés, noirs; base des 3e, 4e, 5e et anus recouverts de poils fauves, dorés, très-brillants; en dessous, les segments sont ciliés de poils fauves. Pattes ferrugineuses, leurs poils hérissés, noirs; tarses plus pâles. Brosse cendrée. Ailes enfumées. Côte, nervures noires.

Nervure des ailes comme dans *Habropoda*.

♂ Dessous du 1er article des antennes jaune. Face de cette couleur, sauf deux taches noires sur les côtés du chaperon, deux points noirs sur les côtés du labre, en haut. Mandibules jaunes, noires au bout. Poils de la face cendrés, ceux du vertex, du corselet en dessus, des 1er, 2e, 3e segments et de la base du 4e noirs. Ces poils sont rares sur les derniers segments. En dessous du corselet, les poils sont cendrés. Base des 4e, 5e et 6e segments, en entier, anus, revêtus de poils ferrugineux, dorés. En dessous, les segments sont ciliés de poils cendrés. Poils des pattes en dessus cendrés, noirs en dessous. Ailes enfumées.

Mexique.
Collection Sichel, Dours.

No 19. **ANTHOPHORA TECTA.**

Smith, Cat., p. 342, 117.

Long : — 15 mm.

♀ *Nigra, 1° segmento fulvo, 2°, 3°, nigro, 4°, 5° cinereo-hirtis, fusco-œneis; thorace fulvo, in medio fusco.*

♀ Tête et corselet noirs. Chaperon portant une large tache blanche en forme de T, son bord inférieur est ferrugineux. Labre blanc-jaunâtre, ses bords ferrugineux ainsi que les mandibules. Côtés de la face hérissés de petits poils courts, blancs; ceux du vertex fauves. Corselet en dessus hérissé de poils fauves, plus foncés au milieu, un peu cendrés sur les côtés. Cuisses ornées de poils blanc-jaunâtres, ceux des jambes sont cendrés, les postérieures les ont blancs ainsi que le 1er article de leurs tarses. Eperons noirs. Abdomen d'un fauve métallique, 1er segment hérissé de poils fauves, 2e, 3e ayant quelques poils noirs, rares, 4e, 5e segments hérissés de poils cendrés, courts. Bord de tous les segments ciliés de poils roux.

Brésil. *Ex Smith*

(Je n'ai pas vu cette variété.)

No 20. **ANTHOPHORA CANIFRONS.**

Smith, Cat., part. 2, p. 328, n° 42.

Long.: — Corps 15 à 16 mm ; Ailes.....?

♀ *Atra; clypei lineâ mediâ angustâ. Abdomine infrà rufo-piceo; segmentorum fasciis albidis, 3ª, 4ª in medio fuscis.*

♀ Noire; chaperon portant sur son milieu une ligne courte, étroite, jaune, s'étendant jusqu'au bord antérieur. Face recouverte de poils cendrés, noirs au bout. Corselet en dessus hérissé de poils jaunâtres; plus blancs sur les côtés et en arrière. Pattes ferrugineuses, recouvertes en dessus de poils jaunes cendrés, en dessous de noirs. Abdomen ferrugineux-clair; bord des segments en dessus et en dessous ornés d'une bande étroite de poils blancs qui sont remplacés sur le milieu du 3° et du 4° par des poils fauves.

Canaries.   Ex Smith

(Je n'ai pas vu cette espèce.)

N° 21.   ANTHOPHORA ALBI-FRONS.

Long. : — 12 mm.

♀ *Nigra; 1° segmento ferrugineo, reliquis nigro-hirtis; fasciis 2, 3, 4 flavo-albo-ciliatis.*

♀ Noire; poils de la tête longs, cendrés. Mandibules ferrugineuses, sauf sur le milieu où elles sont jaunes. Poils du corselet en dessus courts, de couleur ferrugineuse. Ailes presque transparentes, nervures noires. Poils du corselet en dessous et des cuisses hérissés, blancs; jambes ferrugineuses, recouvertes en dessus de poils cendrés, brillants. 1er segment de l'abdomen hérissé de poils ferrugineux; bord des trois segments suivants cilié de blanc-jaunâtre, en dessous les segments ont des poils noirs.

Amérique du Sud.   Ex Smith.

(Je n'ai pas vu cette espèce.)

N° 22.   ANTHOPHORA BASALIS.

Smith, Cat. 335, 86.

Long. : — Corps 17 mm.; Ailes 12 mm.

♀ *Nigra; thorace et primo abdominis segmento ferrugineo-villoso. Abdomine nigro, subtùs apiceque albo-piloso. Pedibus aterrimis. Alis nigro-fumatis, iridescentibus, teguld testaced.*

♀ Noire; moitié inférieure du chaperon nue, ponctuée; une ligne saillante au milieu. Poils de la tête en dessus noirs, lavés de ferrugineux en dessous ainsi que sur le labre. Corselet en dessus et 1er segment de l'abdomen hérissés de poils fauve-ferrugineux très-épais, noirs en dessous. Abdomen finement ponctué, hérissé de poils noirs, courts sur le 2e et le 3e, un peu plus longs et légèrement ferrugineux sur le 4e et le 5e. Côtés des segments ciliés de poils fauve-cendrés. Pattes très-noires, les postérieures revêtues de poils très-noirs en dessus, lavés de ferrugineux en dessous. Ailes noires avec un reflet violet obscur.

Cafrerie.   Collection Dours.

N° 23. ANTHOPHORA CITREO-STRIGATA. Dours.

Long. : — Corps 16 mm.; Ailes 12 mm.

♀ *Faeie nigrâ, punctatâ; thorace, 1° segmento pedibusque extùs fulvo-pilosis; fasciis 1 parve, 2, 3, 4 latè citreo-marginatis. Alis fusco-hyalinatis.*

♀ Noire. Antennes noires. Face immaculée, noire, grossièrement ponctuée, recouverte de poils fauves mêlés de noirs. Corselet en dessus, 1er segment de l'abdomen, pattes hérissés de poils fauve-vifs, cendrés en dessous. Bord des segments portant une bande de poils couchés, couleur de citron, étroite au 1er, plus large sur le milieu des 2e, 3e, 4e. Anus noir, avec quelques poils ferrugineux; en dessous, les segments sont bordés de poils blancs s'étendant sur les côtés. Poils des pattes en dessous noirs; tarses ferrugineux. Ailes un peu enfumées. Nervures, côte brunes.

Amérique Septentrionale.   Collection Dours.

N° 24.   ANTHOPHORA PLUTO. Dours.

Long. : — Corps 14 mm.; Ailes 10 mm.

♀ *Nigra, nigro-cinereo-villosa. Abdomine nigro. 4ï, 5ï anique*

*pilis ferrugineis hirsutis. Pedibus nigris. Tarsis ferrugineis.
Alis fumatis.*

♀ Noire ; chaperon et labre fortement ponctués. Poils de
la face cendrés, blancs en dessous de la tête. Corselet en
dessus hérissé de poils noirs mêlés de cendrés sur le disque,
plus pâles en dessous. Abdomen finement ponctué, 1er segment hérissé de poils cendrés; 2e, 3e segments ayant quelques poils noirs couchés; 4e, 5e et côtés de l'anus recouverts
de poils ferrugineux s'étendant en dessous et sur les côtés.
Pattes noires, tarses ferrugineux. Ailes enfumées; côte et
nervures brunes.

Mexique.   Collection Dours

N° 25.   ANTHOPHORA ABRUPTA.

Say, Bost., Journ. Nat. Hist., 1, 409, ♂.

A. Floridana, Smith, Cat. 339, 105, ♀ ♂.

A. Sponsa, Smith, Cat. 339, 101, ♀.

Long. : — Corps 7 mm.; Ailes 11 mm.

♀ *In recentioribus nigra; thorace ochraceo (Floridana),
in senilibus, cinereo-villosa (abrupta). Capite, abdomine pedibusque atro-pilosis. Alæ hyalinæ.*

♀ Noire; poils de la tête noirs. Corselet en dessus et sur
les côtés hérissé de poils roux cendrés. 1er segment de l'abdomen hérissé de poils noirs légèrement lavés de ferrugineux; les autres segments noirs ont des poils rares mêlés de
ferrugineux sur le 5e et sur les côtés. Pattes ferrugineuses,
recouvertes de poils noirs légèrement lavés de ferrugineux,
surtout en dessous des tarses. Ailes transparentes.

Nota. Dans la variété *Floridana*, la pubescence du corselet,
qui est un peu plus rousse, s'étend au 1er segment de l'abdomen.

♂ Semblable à la femelle, sauf le chaperon et le labre, qui sont jaunes.

Nord de l'Amérique.   Collection Sichel, Dours.

N° 26.   ANTHOPHORA FERRUGINEA

Lep., T. 2, p. 78, n° 45.

ANTHOPHORA NIGRO-FULVA, Lep., T. 2, p. 88, n° 55, ♀.

Lucas, Expl. Scient., Alg., 111, 153, 23. Atl., fig. 6.

A. FULVA, Evers., 144, 11.

Long. : — Corps 16 mm.; Enverg. 52 à 58 mm.

♀ *Nigra, ferrugineo-villosa, pedibus subtùs nigro-villosis. Alæ subfuscæ* ♀. ♂ *Facie albido-luteâ, pedibus suprà albido-hirsutis.*

NOTA. In detritis maribus, hirsuties omnino cinerea, non ferruginea adest.

♀ Noire, entièrement recouverte de poils ferrugineux, hérissés sur le 1er segment, couchés sur les autres. Les pattes en dessous sont noires, excepté sous le 1er article des tarses postérieurs, où les poils ferrugineux apparaissent de nouveau. Ailes un peu enfumées. Côte, nervures noires.

Algérie, Espagne, Corse.

♂ Noir. Dessous du 1er article des antennes, face, labre, sauf deux points noirs sur les côtés, en haut. Base des mandibules d'un blanc plus ou moins jaunâtre. Poils de la tête, du corselet, des segments abdominaux ferrugineux en dessus, blancs en dessous chez les individus nouvellement éclos. Pattes revêtues de poils blanchâtres. Tarses bruns. Ailes à peine enfumées. Côte, nervures brunes.

Collection Sichel, Dours.

NOTA. La pubescence devient d'un cendré plus ou moins terne

chez les individus âgés. La collection de M. le Dr Sichel en possède un curieux exemplaire entièrement recouvert de poils d'un cendré très-pâle.

NOTE. *A. nigro-fulva* Lep. 55, est une variété de *A. ferruginea*. dont la pubescence ferrugineuse, surtout à la tête et au thorax en dessus, est entremêlée de poils noirs, courts.

N° 27. ANTHOPHORA CALIGINOSA.

MEGILLA CALIGINOSA, Klug, Tab. 49, fig. 7, n° 6.

Sav., Descr. d'Egyp., Hym., pl. 1, fig. 13.

Long. : — Corps 19 mm.; Ailes 11 mm.

♀ *Nigra, suprà nigro, lateribus fusco-tomentosa, abdominis segmentis 1° excepto, nudis, apice fusco-villosis.*

♀ Statura M. robustæ. Nigra, caput obsolete punctatum, vertice fusco-nigro, fronte occipiteque fusco-villosis. Clypeus confertim punctatus, lineâ longitudinali mediâ subelevatâ, lævi. Labrum magnum rugosum. Thorax dorso dense fusco-nigro-lateribus et sub alis fusco-tomentosus. Alæ subinfuscatæ, nervis, stigmate fuscis. Tegulæ fuscæ. Pedes fusco-nigro-hirsuti. Abdominis segmentum primum et ultimum fusco-nigro, reliqua margine fusco-villosa.   (KLUG.)

Syria.

Cette espèce, que je n'ai pas vue, me semble être une variété d'un sujet usé se rapportant à l'*A. nigro-fulva* de Lep., qui elle-même appartient à *A. ferruginea*.

N° 28. ANTHOPHORA NIGRO-VITTATA.

Dours.

Long. : — Corps 14 mm.; Enverg. 24 mm.

♀ *Nigra, ferrugineo-hirsuta, 2° segmento abdominis toto, 3° partim nigro-piloso. Alis subfuscescentibus.*

♀ Noire. Entièrement recouverte de poils ferrugineux, si ce n'est aux 2e, 3e segments de l'abdomen où ils sont noirs, mêlés de ferrugineux, surtout au 3e. Pattes en dessous noires. Ailes un peu enfumées au bout. Côte et nervures noires.

Voisine de *ferruginea*.

Corse.   Collection Sichel, Dours.

♂ Long. : — Corps 14 mm.; Enverg. 25 mm.

♂ Noir. Dessous du 1er article des antennes blanc-jaunâtre ou éburné. Face de cette couleur, sauf deux taches sur la partie supérieure du chaperon et deux points sur les côtés du labre, noirs. Mandibules noires. Pubescence de tout le corps d'un roux plus ou moins foncé, sauf sur les 2e, 3e segments abdominaux, où elle est mêlée de poils noirs, plus rares sur le 3e. Poils des pattes cendrés. Tarses ferrugineux.

Collection Sichel, Dours.

N° 29.   ANTHOPHORA PARIETINA.

Lep., T. 2, p. 79, n° 46.

Latr., Nouv. Dict. d'Hist. Nat., Encyc., T. 10, p. 798, n° 1.

Spin., Ins. Lig., T. 1, p. 126, n° 2.

APIS PARIETINA, Fab., Ent. Syst., T. 11, p. 323, n° 28.

MEGILLA PARIETINA, Fab., Syst. Piez., p. 329, n° 3.

Nyl. Apum, Bor., p. 244. — Revis Ap., Bor., p. 257, 4.

MEGILLA PLAGIATA, Illiger, ♀.

Long. : — Corps 15 mm.; Enverg. 27 mm.

♀ *Nigra; nigro-rufo pilosa, segmentis 3-4 rufo pilosis. Pedibus nigris, metatarsis rufis. Alæ hyalinæ.*

♂ *Nigra, fulvo-nigro hirsuta. Abdominis segmentis 1, 3 fulvo, reliquis nigro-pilosis. Pedibus cinereo extùs, ferrugineo subtùs hirsutis.*

♀ Noire. Quelques poils ferrugineux sur le labre et les mandibules. Poils de la face, de la tête, du corselet noirs, très-denses. 1er segment de l'abdomen tout entier, base du 2e hérissés de poils noirs; tiers inférieur du 2e segment, 3e et 4e tout entiers hérissés de poils ferrugineux; 5e segment noir. Anus et côtés de l'abdomen revêtus de poils plus ou moins ferrugineux. Pattes noires Tarses ferrugineux. Ailes transparentes. Côte, nervures noires.

Algérie, France, Italie, Suède.

Collection Sichel, Dours.

Var. 1. ANTHOPHORA FULVO-CINEREA. Dours.

Poils de la tête cendrés, noirs sur le vertex. Poils du corselet fauves, noirs à la partie antérieure, blancs en dessous. 1er segment de l'abdomen hérissé de poils cendrés roux, ceux des autres segments sont fauves, longs avec des poils noirs très-courts formant le fonds du segment. Anus noir; en dessous et sur les côtés, les poils sont blanc-cendrés. Poils des pattes antérieures en dessus blanc-cendrés, ceux des intermédiaires et des postérieures fauves en dessus, noirs en dessous. 1er article des tarses en dessous garni de poils fauve-doré.

Le mâle de cette variété est semblable à la femelle. Il en diffère pourtant par la couleur moins intense des poils du thorax et des segments abdominaux. Le 5e et le 6e sont entièrement noirs.

Dalmatie, Algérie.

Collection Sichel, Dours.

VAR. 2. MÉGILLA PLAGIATA, Illig.

Dans cette variété, la pubescence fauve du thorax est mélangée de poils noirs, courts. Le 1er segment est recouvert de poils cendrés; ceux-ci se continuent jusque vers le milieu du 2e segment. Les poils de l'anus sont fauves au milieu, noirs sur les côtés ♀ ♂.

Dalmatie, Algérie. Collection Dours.

♂ MÉGILLA VILLOSA, Herr. Schaff.

Long.: — Corps 15 mm.; Enverg. 27 mm.

♂ Noire. Face et base des mandibules d'un blanc plus ou moins éburné. Poils de la tête et du corselet roux, plus ou moins foncés; ceux du 1er et du 2e segment de l'abdomen en dessus roux-cendrés. Base et côtés du 3e garnis de poils de cette couleur. Poils des autres segments hérissés, noirs. Poils des pattes cendrés. Tarses ferrugineux. Ailes transparentes. Côte et nervures brunes.

Collection Sichel, Dours.

N° 30. ANTHOPHORA QUADRICOLOR.

Erichson in Wagner, Reize in der Regent. Algier, 111, 193; 54, T.9.

Lucas, Expl. Alg., 111, 154, 24.

ANTHOPHORA DORSI-MACULA, L. Duf., in litteris.

Long.: — Corps 15 mm.; Enverg. 27 mm.

♀ *Nigra, nigro-ferrugineo-alboque pilosa. Capite nigro, thorace ferrugineo, dorso nigro, segmentis abdominis 1°, 2° lateribus, 3° toto ferrugineis, illorum nudis nigris, 4°, 5° albopilosis hoc ferrugineo-mixto, ano pedibusque nigris. Alis fumatis.*

7

♂ *In recentioribus ferrugineo, in senioribus cinereo-villosis, facie eburneâ, immaculatâ, pedibus nigris fulvo-cinereo-pilosis, metatarsis ferrugineis.*

♀ Noire. Poils de la face noirs ; une touffe de poils jaune-ferrugineux sur le vertex. Un large disque de poils noirs sur le corselet, circonscrit par une bande de poils jaune-ferrugineux dépassant le point calleux. 1ᵉʳ segment de l'abdomen hérissé de poils noirs, jaune-ferrugineux sur les côtés ; 2ᵉ, 3ᵉ segments revêtus de poils jaune-ferrugineux, ceux-ci interrompus sur le milieu du 2ᵉ segment par un triangle de poils noirs. 4ᵉ, 5ᵉ segments présentant un reflet cuivreux un peu bleuâtre, recouverts par des poils blancs, épais, courts, mêlés de jaunes sur le 4ᵉ. Bord inférieur du 5ᵉ et anus ornés de poils jaune-ferrugineux. Abdomen en dessous hérissé de poils noirs, excepté à la partie inférieure du 4ᵉ et du 5ᵉ, où ils sont blancs, ainsi que sur les côtés. Pattes noires. Tarses ferrugineux. Ailes un peu enfumées. Côte, nervures, point calleux noirs.

Algérie.   Collection Sichel, Dours.

NOTA. L'épithète *quadricolor* ne peut s'adresser qu'aux individus âgés. Chez eux, en effet, les poils circonscrivant le disque noir du corselet sont jaunes, tandis que chez les sujets nouvellement éclos la couleur en est ferrugineuse, semblable à celle des 1ᵉʳ, 2ᵉ, 3ᵉ segments.

♂ Face immaculée, de couleur d'ivoire ; dessous du 1ᵉʳ article des antennes, base des mandibules de cette couleur. Poils de la face blanchâtres, ceux du vertex, du corselet en dessus et sur les côtés, ceux des segments de l'abdomen ferrugineux-fauves, en dessous les segments sont noirs. Poils des pattes cendrés, fauves en dessus, noirs en dessous. Jambes et 1ᵉʳ article des tarses intermédiaires ciliés de longs poils cendré-fauves sur la tranche externe, noirs sur la tranche interne; dernier article des tarses ferrugineux. Anus noir, terminé à chaque angle par une petite dent aiguë.

Le mâle est très-difficile à distinguer de celui de l'*A. ferruginea*.

Chez les individus usés par l'âge, la robe est entièrement d'un gris sale.

Collection Sichel, Dours.

N° 31.   ANTHOPHORA SMITHII. Sichel.

ANTHOPHORA DUBIA, Smith, Cat., n° 17, non Eversm., Faune,

p. 114, n° 10 ♂ ♀.

Long. : — Corps 15 mm.; Enverg. 16 mm.

♀ *Nigra, fulvescenti-hirsuta. Capitis thoracisque (hoc nigro-dorso-fasciato) pilis fulvescenti-hirsutis; abdominis segmentis 1, 3 fulvo, 4, 5 albido-tomentosis, 5i fasciâ fulvo-ferrugineâ; pedibus posterioribus extùs fulvescente, intùs nigro-pilosis. Alis fumatis, apice hyalinatis.*

♀ Noire. Poils de la face cendrés; ceux du corselet plus ou moins roux, excepté sur le milieu, où ils forment un large disque noir. Tous les segments de l'abdomen sont recouverts de poils fauves, hérissés sur le 1er segment, couchés sur les autres, entremêlés de blanchâtres sur le 4e et le 5e. Bord inférieur de ce dernier et anus ornés de poils ferrugineux. Poils des pattes en dessus fauves, noirs en dessous. Tarses bruns. Ailes enfumées. Côte, nervures noires.

Midi de la France.   Collection Sichel, Dours.

NOTA. L'*Anthophora Dubia* Eversmann, Faune, 114, n° 10, ne peut se rapporter à notre espèce si bien caractérisée par la pubescence du corselet. Celle d'Evers. a le corselet hérissé de poils entièrement fauves, les pattes fauves en dessus, ferrugineuses en dessous.

N° 32.   ANTHOPHORA TRICOLOR.

Lep., 11, 86, 53 ♂.

MÉGILLA TRICOLOR, Fab., Syst. Piez, 329, 7.

ANDRENA TRICOLOR, Fab., Ent., Syst., 2, 310, 13.

Long. : — Corps 12 à 14 mm.; Ailes 10 mm.

♀ *Nigra; thorace nigro, postice ferrugineo-villoso; 1° segmento ferrugineo, reliquis nigris, fasciis albis; pedibus ferrugineis, extùs albido-villosis. Alœ hyalinœ.*

♀ Noire; face immaculée, noire, recouverte de poils cendrés un peu plus blancs en dessous. Corselet en dessus, jusqu'au tiers postérieur, hérissé de poils noirs, de poils ferrugineux dans son dernier tiers. 1ᵉʳ segment de l'abdomen hérissé de poils roux-ferrugineux, les autres en ont de noirs, courts, rares. Base de tous les segments portant une bande de couleur d'ivoire, dépourvue de poils et d'écailles, très-étroite au 1ᵉʳ. Cils du dessous des segments noirs au milieu, blancs sur les côtés. Pattes ferrugineuses, hérissées en dehors de poils blancs. 1ᵉʳ article des tarses noirs. Ailes transparentes, un peu enfumées au bout. Côte, nervures brunes.

♂ Dessous du 1ᵉʳ article des antennes jaune; chaperon de cette couleur, sauf deux lignes suturales sur les côtés et le bord inférieur, qui sont noirs. Labre jaune, deux points noirs en haut. Mandibules noires, un peu jaunes à la base. 6ᵉ segment de l'abdomen comme les précédents. Le reste semblable à la femelle.

Amérique Méridionale.   Collection Sichel, Dours.

N° 33.   ANTHOPHORA SICULA.

Sмith, 327, 39.

Long. : — Corps 13 à 14 mm.; Ailes 8 mm. ?

♀ *Nigra, fulvo-hirsuta, pedibus ferrugineis. Alæ fusco-hyalinæ.*

♀ Noire, recouverte de poils fauves pâles. Pattes ferrugineuses, brosse en dessus formée de poils fauves brillants,
plus pâles, plus courts en dessous; derniers articles des
tarses ferrugineux, éperons noirs. Abdomen très-velu; bord
des segments longuement ciliés de poils fauves. En dessous,
les segments ferrugineux ont des poils plus pâles. Ailes un
peu enfumées.   (Sмith.)

♂ Poils de la tête, du thorax et de l'abdomen épais, fauves;
ceux des joues et de l'abdomen en dessous noirs. Dessous
du 1er article des antennes, chaperon, labre et un point à
la base des mandibules, jaunes. Ailes un peu enfumées.

                              (Sмith.)

Sicile.   (Je n'ai pas vu cette espèce.)

N° 34.   ANTHOPHORA BALNEORUM.

Lep., T. 2, p. 81, n° 48, ♀.

Long. : — Corps 15 mm.; Enverg. 29 mm.

♀ *Media, nigro, rufo-villosa. Segmentis dorso rufis, lateribus albis; pedibus extùs rufo, subtùs nigro ferrugineo-pilosis.
Alis subfuscescentibus.*

♂ *Facie eburneâ, pilis fulvis ornatâ; thorace, segmentis
1-2 fulvo, reliquis nigris-hirsutis. Pedibus extùs fulvo-cinereo,
subtùs aureo-pilosis.*

In senioribus, albescit hirsuties.

♀ Noire. Poils de la face cendrés, ferrugineux sur le labre, noirs sur le vertex, entre les ocelles. Corselet en dessus hérissé de poils roux, longs, de blancs ou de cendrés en dessous. Dessus de tous les segments abdominaux hérissés de poils longs, roux, plus épais sur le 3e et le 4e; 5e segment et anus ayant quelques poils noirs ferrugineux. Côtes et dessous de l'abdomen garnis de poils blancs, plus ou moins ternes. Poils des pattes en dessus roux, plus ou moins blanchâtres, ferrugineux en dessous, surtout au 1er article des tarses. Ailes un peu enfumées. Nervures, côte brunes.

Barèges (France).   Lep. Saint-Fargeau.

♂ Lep., T. 2, p. 82, n° 48,

Long. : — Corps 15 mm.; Enverg. 30 mm.

♂ Noir. Chaperon (une ligne transversale au dessus), labre, jaunes; deux points noirs sur les côtés de ce dernier. Antennes entièrement noires. Base des mandibules jaune. Poils de la face blanc-cendrés, mêlés de noirs sur le vertex. Corselet en dessus hérissé de poils roux, longs, blancs ou cendrés en dessous. 1er, 2e segments de l'abdomen hérissés de poils roux, longs; 3e, 4e, 5e, 6e revêtus de poils cendrés, plus ou moins mêlés de noirs, surtout sur le dernier et l'anus. Poils des pattes cendrés, mêlés de roux en dessus. Tarses en dessous ferrugineux, garnis de longs poils cendrés sur leurs deux tranches.

Espèce très-litigieuse. La collection de M. le Dr Sichel renferme deux femelles et deux mâles très-détériorés, provenant de la collection de M. de Romand.

N° 35. ANTHOPHORA BADIA. Dours.

Long. : — Corps 13 mm.; Ailes 11 mm.

♀ *Nigra, rufo-villosa; abdomine badio, pedibus nigris, nigro-ferrugineo-hirsutis. Alæ hyalinæ.*

♀ Face noire, grossièrement ponctuée, recouverte de poils cendrés, noirs sur le vertex, blancs en dessous. Corselet en dessus hérissé de poils fauves, mêlés de noirs sur les côtés. Abdomen de couleur baie, lavé de noir sur les 4e et 5e segments. 1er segment hérissé de poils fauves, les autres en ont de courts, mêlés de noirs, surtout à l'anus. En dessous, les segments sont ponctués, noirs avec quelques lignes de couleur baie. Bord de tous les segments, anus et côtés de l'abdomen hérissés de poils fauves. Pattes noires, recouvertes de poils noir-ferrugineux. Tarses ferrugineux. Ailes un peu enfumées. Côte, nervures brunes.

Var. Labre ferrugineux.

♂ Dessous du 1er, quelquefois aussi du 2e article des antennes jaune; chaperon (deux points noirs sur les côtés), joues, labre (deux points noirs en haut), mandibules (leur bout ferrugineux), jaunes. Poils de la face cendrés, mêlés de noirs. Corselet en dessus hérissé de poils fauves, plus pâles en dessous. 1er segment hérissé de poils fauves, 2e, 3e, 4e, presque entiers, noirs, avec quelques poils fauves et une tache ronde sur les côtés de couleur baie. 5e, 6e segments de couleur baie, revêtus de poils fauves, courts, couchés. Bord de tous les segments portant une bande de poils fauves peu marquée sur le 1er et le 2e. Pattes noires, hérissées de poils fauves en dessus, dorés en dessous. Chez les sujets vieux, la pubescence est tout-à-fait cendrée.

Mexique.   Collection Sichel, Dours.

Var. Tous les segments de l'abdomen noirs à l'exception du bord inférieur du 3ᵉ et du 4ᵉ, qui ont une ligne de couleur baie.

Nᵒ 36.　　ANTHOPHORA FULVIPES.

Evers., Faune, 115, 12.

Long. : — Corps 16 mm.; Ailes 12 mm.

♀ *Nigra, flavido-squammosa; thorace in medio fasciâ nigrâ; 2ᵒ segmento in medio fasciâ latissimâ nigrâ; ano aureo; pedibus extùs flavidis, subtùs nigro-ferrugineis.*

♀ Noire, poils de la face cendrés, jaunes sur le vertex, blanchâtres sur le labre. Partie antérieure et postérieure du corselet hérissée de poils jaunâtres, plus pâles en dessous. Une large bande noire occupe le milieu du corselet. 1ᵉʳ segment de l'abdomen hérissé de poils jaunâtres. Côtés et partie inférieure des 2ᵉ, 3ᵉ, 4ᵉ en entier recouverts de poils jaunâtres, courts, couchés, simulant des écailles de papillon; une large bande noire occupe le milieu du 2ᵉ segment, une autre très-petite la base du 3ᵉ. Partie inférieure du 5ᵉ segment et anus garnis de poils dorés. Pattes antérieures hérissées de poils blanchâtres, les intermédiaires et les postérieures de poils jaunes-dorés en dessus, de noirs-ferrugineux en dessous. 1ᵉʳ article des tarses postérieurs ornés à leur partie inférieure d'une petite touffe de poils dorés. Ailes transparentes, un peu enfumées au bout; côte, nervures brunes. Point calleux noir.

　　Russie.　　　　　　　　　Collection Puls, de Gand.

♂ Mandibules, labre, chaperon jaunes, deux taches trapéziformes noires sur ce dernier. Dessous du 1ᵉʳ article des antennes jaune, dessous des articles suivants roussâtre. Poils de la tête, du corselet, du 1ᵉʳ segment de l'abdomen et des pattes roux. Les autres segments sont recouverts de petits poils blanc-jaunâtres semblables à des écailles de papillon.

(Je n'ai pas vu ce mâle.)   Ex Eversmann.

N° 37.   ANTHOPHORA OBESA.

Giraud, z. b. Ges. 1863, p. 43.

A. bicolor, Sichel.

Long.: — Corps 15 mm.; Enverg. 25 mm.

♀ *Media, nigra, fulvo-nigro alboque villosa; capite nigro, thorace fulvo piloso. Segmentis 1 fulvo, reliquis albo-nigro-pilosis. Ano rufo; lateribus ventreque albo hirsutis. Pedibus nigris, tarsis ferrugineis. Alis fuscescentibus.*

♂ *Facie eburneo-maculatá; segmentis 5-6 anoque albido fasciatis. Pedibus extùs albescentibus, subtùs fulvo-nigricantibus.*

In senioribus cinerescit hirsuties.

♀ Noire. Poils de la face cendrés, mêlés de ferrugineux sur le labre; ceux du vertex noirs. Poils du corselet en dessus hérissés, ferrugineux, très-épais, avec quelques poils noirs sur le milieu du disque peu apparents; ils sont noirs à la partie antérieure, sur les côtés et en dessous. 1er segment de l'abdomen hérissé de poils roux mêlés de noirs; 2e, 3e segments entièrement noirs; 4e, 5e portant quelques poils blancs. Anus garni de poils fauves. Côtés et dessous de l'abdomen, surtout dans les derniers segments, ciliés de poils blanchâtres. Pattes noires. Tarses ferrugineux. Ailes enfumées; nervures et côte noires.

Suisse, Italie, Algérie, d'après M. Giraud.   Collection Sichel, Dours.

♂ Long. : — Corps 15 mm.; Enverg. 22 mm.

♂ Noire. Dessous du 1er article des antennes blanc-

jaunâtre, éburné. Face de cette couleur, sauf deux taches sur
les côtés du chaperon, en haut, et deux points sur les côtés
supérieurs du labre, noirs. Mandibules de cette couleur.
Poils de la face cendrés, ceux du vertex noirs. Corselet en
dessus et sur les côtés hérissés de poils ferrugineux, épais,
blanc–cendrés en dessous. 1er segment de l'abdomen hérissé
de poils ferrugineux, épais; 2e, 3e, 4e segments mêlés de
noirs, clair-semés, 5e 6e et anus ciliés de poils blancs. Poils
de l'abdomen en dessous, ceux des côtés et des pattes blancs.
Tarses un peu ferrugineux. Ailes moins enfumées que dans
la femelle. Nervures et côte noires.

Nota. La pubescence devient entièrement gris-cendré chez les
individus âgés.

Suisse.   Collection Sichel.

Note. Très-voisine de l'*A. furcata*, dont elle diffère surtout par
la taille, la couleur et la distribution des poils, la forme de l'anus
et probablement des appendices génitaux.

N° 38.   ANTHOPHORA FURCATA.

Lep., T. 2, p. 82, n° 49. Evers., Faune, p. 111, n° 6.

Apis furcata, Kirby, Mon. Ap., Ang., T. 2, p. 288, n° 64.

Tab. 17, fig. 5, ♀.

Megilla furcata, Nyl. Ap. Bor., p. 245, 4.

Long. : — Corps 13 mm.; Enverg. 21 mm.

♀ ♂ *Thoracis abdominisque pili rufi, thoracis fasciâ inter
alis transversâ nigrâ. ♀ Segmenti quinti apice medio (vel et
5° toto, basi obscuris) anique fimbriâ utrinque (vel et ano toto,
epipygio nigro excepto) aureo-rufis.*

A. furcata Pz. est ♂ *senilis, albido-cinerescens. Kirby
quoque specimina subsenilia describit.*

♀ Noire. Poils de la face ferrugineux-noirâtre; ceux du labre, des mandibules franchement ferrugineux; ceux du vertex noirs. Corselet en dessus garni de poils roux, noirs sur le milieu, où ils forment une bande entre les ailes. Poils des quatre premiers segments de l'abdomen en dessus hérissés, roux, peu serrés. 5e segment et anus entièrement recouverts de poils ferrugineux, dorés, éclatants, un peu plus pâles en dessous. Poils des pattes plus ou moins roux. Tarses ferrugineux; une touffe de poils de cette couleur à l'extrémité du 1er article des tarses des pattes postérieures. Ailes un peu enfumées; nervures, côte noires.

La pubescence de tout le corps devient grise chez les sujets usés.

Algérie, France, Angleterre, probablement toute l'Europe, sur les Melissa, les Nepeta. Collection Sichel, Dours.

♂ Lep., T. 2, p, 83, n° 49.

APIS FURCATA, Panz., Faun. Germ., 56, 8.

Long. : — Corps 14 mm.; Enverg. 17 mm.

Noire. Dessous du 1er article des antennes marqué d'un point jaune qui manque quelquefois. Face entièrement jaune, sauf deux points noirs sur les côtés du labre, en haut. Poils du corselet, de tous les segments abdominaux et des pattes hérissés roux chez les individus nouvellement éclos, gris-cendrés chez les sujets vieux ou usés. Tarses ferrugineux. Anus très-mucroné.

Collection Sichel, Dours.

NOTE. Var. α vel typica (non Pz. typica) specimina recentissima, thoracis abdominisque pilis rufis vel rufescentibus ♀ ♂.

Angleterre, Danemark, Suisse, Autriche, France.

♂ Ore interdùm albido.

Var. *b.* Thorace rufo, abdomine cinereo vel cinereo-rufescenti.
Bavière, Suisse, Piémont.

Var. *c.* Pz. typ. ♂ Varietas senilis, cinereo-albido-pilosa.

♀ Panzero incognita.
Bavière, Savoie, Piémont.

Var. *d,* ♂ Scapo nigro.

Var. *e.* ♀ (non extat in ♂). Thorace vix fasciato.   (SICHEL.)

N° 39. **ANTHOPHORA RUFO-ZONANA. Dours.**

Long.: — Corps 12 mm.; Enverg. 20 mm.

Parva, nigro-fulvo dimidiata. Abdomine basi-fulvo, apice albo-villoso. Alis fuscescentibus.

♂ Noire. 1er article des antennes en dessous jaune. Joues, chaperon, une ligne transverse au dessus de ce dernier, labre, jaunes. Deux taches obliques, noires sur le chaperon devant les joues, deux points noirs sur les côtés du labre. Mandibules noires. Poils de la face cendrés, mêlés de noirs sur le vertex. Corselet en dessus recouvert de poils noirs sur ses deux tiers antérieurs, de poils roux sur le tiers postérieur. 1er segment de l'abdomen hérissé de poils roux, 2e, 3e, 4e noirs. Bord inférieur des 4e, 5e, 6e tout entier, hérissé de poils blancs s'étendant sur les côtés. En dessous, tous les poils sont noirs, ainsi que ceux des pattes. Tarses d'un ferrugineux noir. Ailes un peu enfumées. Nervures, côte noires. Femelle inconnue.

Mexique.   Collection Dours,   2 ♂.

N° 40. **ANTHOPHORA TUBERCULILABRIS.**
Dours.

Long.: — Corps 15 mm.; Ailes 11 mm.

♀ *Nigra, labro in lateribus tuberculato. Capite, thorace*

abdomineque cinereo-rufo-tomentosis, fasciis albo-ciliatis, ano,
pedibusque ferrugineo-nigris, scopâ aureâ. Alis hyalinis.

♀ Noire. Poils de la face blancs cendrés. Ceux de la
partie postérieure de la tête, du corselet en dessus et en
dessous cendrés roux, mêlés de noirs. Labre portant de
chaque côté de sa base deux petits tubercules arrondis,
couleur marron et garnis de poils ferrugineux. 1er segment
de l'abdomen en dessus hérissé de poils roux, les autres
segments hérissés de poils d'un blanc sale. Bord postérieur
de tous les segments orné d'une frange de longs poils d'un
blanc plus pur. En dessous, le ventre est nu, sauf le bord
inférieur des segments qui porte quelques cils rares, de
couleur cendrée. Poils de l'anus ferrugineux, ainsi que ceux
du dessus des pattes, ceux du dessous sont noirs. Ailes diaphanes. Point calleux couleur de poix très-foncée au centre.
Côte et nervures ferrugineuses.

Abyssinie.   Collection Dours, 2 ♀.

Mâle inconnu.

Très-voisine de l'*A. lanata*, Klug; en diffère surtout par les
deux tubercules du labre.

Nº 41. ANTHOPHORA SPODIA (1). Dours.

Long. : — Corps 14 mm.; Ailes 10 mm.

♀ *Nigra; labro in lateribus tuberculato, capite nigro-piloso;*
thorace abdomineque cinereo-villoso, fasciis albidioribus longe
ciliatis, ano rufo; pedibus extùs cinereo, subtùs nigro-ferrugine-
pilosis.

♀ Labre muni, comme dans l'espèce précédente, de deux
tubercules couleur marron situés sur les côtés. Face ponctuée

(1) Σποδιος, brun-cendré.

finement, recouverte de poils noirs mêlés de fauves. Tête et corselet hérissés de poils cendrés, mêlés de noirs à la partie antérieure, de roux en dessous, sur les côtés et à la partie postérieure. L'abdomen est hérissé de longs poils cendrés, les trois premiers segments portent une bande de cils blancs plus courts sur le 1er. Anus garni de poils fauve-ferrugineux. Pattes ferrugineuses, garnies en dessus de poils roux-cendrés, en dessous de poils ferrugineux dorés. Ailes presque transparentes. Côte, nervures brunes.

Très-voisine de l'*A. tuberculilabris*, à pubescence plus sombre. Sine patriâ?

N° 42.   ANTHOPHORA LANATA.

Klug, Tab. 49, fig 4, n° 3.

Long. : — Corps 13 à 14 mm.; Ailes 10 mm.

♀ *Nigra, albo vel cinereo-villosa, pedibus fulvo-pilosis.*

♀ Noire. Face immaculée. Poils du chaperon cendrés, ceux du labre jaunâtres. Corselet en dessus hérissé de poils cendrés, mêlés de noirs sur le milieu, un peu fauves sur les côtés, blanchâtres en dessous. 1er segment de l'abdomen hérissé de longs poils cendrés, plus courts sur les autres segments. 4e, 5e noirs, ce dernier ayant quelques poils fauves. Base de tous les segments portant une bande de poils couchés, blanc-jaunâtres, large sur le 3e et le 4e. Anus noir. En dessous, les segments sont presque nus, sauf le 5e qui porte une bande de poils fauves. Pattes hérissées de poils cendré-roux en dessus, d'une belle couleur fauve-doré en dessous. Tarses entièrement de cette couleur. Ailes un peu enfumées. Côte, nervures brunes. Point calleux ferrugineux-clair.

Cafrerie.   Collection Dours.

N° 43.   **ANTHOPHORA LEPIDA.**

Pall., mnspt.

Evers., Faune, p. 116, n° 14.

♀ *Nigra; thorace cinereo-hirsuto, dorso nigro; abdomine aterrimo, fasciis omnibus utrinque tomento-candido-maculatis; pedibus posticis externe atro-hirsutis, tibiis anterioribus externe candido-tomentosis.*

Province d'Orenbourg.   Ex Eversman.

(Je n'ai pas vu cette espèce.)

N° 44. **ANTHOPHORA LEPIDODEA. Dours.**

Long. : — Corps 13 mm.; Ailes 9 mm.

♀ *Nigra, cano-tomentosa; fasciis abdominis candido bre-viter ciliatis, 5° anoque ferrugineis. Pedibus anterioribus albo, reliquis cinereo-ferrugineis. Alæ hyalinæ.*

♂ *Fulvo-cinereo-villoso; facie flavo-maculatâ, segmentorum fasciis sordide albicantibus, ano bi-spinoso; pedibus simpli-cibus ferrugineis, extùs candido, subtùs aureo-pilosis.*

♀ Noire. Chaperon finement ponctué, ses poils cendrés, ceux du labre blancs. Corselet en dessus hérissé de poils cendrés, mêlés de noirs sur le milieu, blancs en dessous. 1er segment de l'abdomen hérissé de poils cendrés, 2e, 3e, 4e recouverts de petits poils serrés, semblables à des écailles de papillon, 5e de noirs lavés de ferrugineux. Chacun des segments porte à sa base une bande de poils couchés, en-tièrement blanche sur les quatre premiers, un peu ferrugi-neuse sur le 5e. Cils du dessous de l'abdomen ferrugineux au milieu, blancs sur les côtés. Pattes ferrugineuses, les an-térieures hérissées de poils blanchâtres, les intermédiaires et les postérieures de poils cendrés ferrugineux. Tarses de cette couleur. Ailes transparentes; nervures, côte brunes.

Voisine de l'*A. lepida* Evers.; mais en diffère par la brosse, qui est noire dans celle-ci.

♂ Dessous du 1er article des antennes jaune. Chaperon, labre, bout des mandibules de cette couleur; deux taches noires circonscrivant les joues; deux points noirs sur le labre, en haut. Poils de la face cendrés, mêlés de noirs sur le vertex. Corselet en dessus et sur les côtés, 1er segment de l'abdomen hérissé de poils cendrés, un peu fauves, blanchâtres en dessous. Les autres segments sont recouverts de petits poils gris, serrés, simulant des écailles de papillon du milieu desquelles émergent quelques poils noirs ou cendrés, plus longs. Base de tous les segments portant une bande de cils d'un blanc sale s'étendant sur les côtés et en dessous. Anus ferrugineux, terminé de chaque côté par une petite épine. Pattes ferrugineuses, hérissées sur leur tranche externe de poils cendrés. Tarses en dessus et en dessous d'un brun ferrugineux doré.

Dalmatie?   Collection Dours.

Nº 45.   ANTHOPHORA PULVEROSA.

Smith, Cat., p. 329, nº 44.

♀ *Nigra; cinereo vel ochraceo-pilosa. Abdomine ochraceo-tomentoso apice rufo; pedibus flavido vestitis, tarsis ferrugineis.*

Long. : — Corps 12 mm.

♀ Noire; poils du corselet blanchâtres, avec une teinte rousse au centre. Abdomen en dessus recouvert de poils courts ressemblant à des écailles, d'une teinte ochracée, sauf vers l'extrémité où ils deviennent fauves. Poils des pattes jaunâtres; tarses ferrugineux. En dessous l'abdomen présente une teinte ferrugineuse. Ailes transparentes. Point calleux testacé.

♂ Semblable à la femelle, sauf les différences sexuelles de la face et des antennes.

Iles Canaries.   Ex Smith.

(Je n'ai pas vu cette espèce.)

N° 46. ANTHOPHORA PYROPYGA. Dours.

Long. : — Corps 14 mm.; Ailes 10 mm.

♀ *Nigra, cinerescenti-villosa. Ano ferrugineo.*

♀ Noire; entièrement recouverte de poils cendrés noirâtres, hérissés. Bord de tous les segments abdominaux cilié d'une bande plus pâle tranchant sur la pubescence cendrée du fond. 5e segment et anus ornés de poils d'un beau ferrugineux. Pattes cendrées, ferrugineuses, ayant quelques poils de cette couleur aux articulations des hanches, des cuisses et des jambes. Tarses ferrugineux, leur dernier article noir. Ailes enfumées; point calleux, côte et nervures noires.

Cafrerie.

♂ Dessous du 1er article des antennes noir, sans doute par exception. Chaperon noir, avec une tache ronde à la partie inférieure. Labre jaune, deux points noirs très-grands sur les côtés. Mandibules noires au bout. Pubescence comme dans la femelle; les poils sont plus hérissés, plus blancs, surtout en dessous sur les pattes. En revanche, les cils des segments sont un peu roux.

Très-voisine de l'*A. lanata*.

Collection Dours.

8

N° 47.   ANTHOPHORA ORANIENSIS.

Lep., 11, p. 39, n° 13.

Luc., Expl. Scient. de l'Alg., 3, 143, 6. Tab. 1, fig. 1.

Long. : — Corps 26 mm.; Enverg. 27 mm.

♀ *Media, nigra, thorace 1°que segmento abdominis fulvo-pilosis; 2°, 3°, 4° albo-niveo-marginatis. Pedibus nigris, tibiis posticis suprà albo-villosis.*

♀ Noire. Face immaculée. Poils de la tête noirs, ceux du vertex jaune vif, ceux du corselet en dessus et sur les côtés d'un roux éclatant, presque ferrugineux, ceux du dessous noirs. 1er segment de l'abdomen hérissé de poils d'un roux très-vif semblables à ceux du corselet; 2e, 3e, 4e segments revêtus de quelques poils noirs courts, bord inférieur de ces segments muni d'une frange de poils d'un blanc de neige; 5e segment et anus noirs, quelques poils blancs sur les côtés. Poils des pattes noirs, excepté ceux du dessus des jambes postérieures, qui sont blancs de neige. Ailes transparentes, un peu enfumées au bout; nervures noires.

Long : — Corps 17 mm.; Enverg. 26 mm.

♂ Dessous du 1er article des antennes, chaperon, joues, mandibules en dehors d'un blanc-jaunâtre. Corselet en dessous revêtu de poils blanchâtres. Poils de toutes les jambes et du 1er article des tarses blancs. Le reste semblable à la femelle.

Algérie, Corse.   Collection Lucas.

M. Sichel regarde cette espèce comme une variété de l'*A. 4-fasciata* (*); mais elle appartient bien certainement à une autre division ; la face étant toujours immaculée...

(*) *Pectore nigro-piloso, sterno nigro-hirto..,*   (SICHEL.)

N° 48. ANTHOPHORA GODOFREDI. Sichel.

Long. : — Corps 15 mm ; Ailes 12 mm.

♀ *Nigra; obesa. Capite, thorace abdomineque nigro-pilosis. 1° segmento albo-fasciato; 2ᶦ et 3ᶦ lateribus ferrugineo-maculatis. Pedibus anterioribus nigro-ferrugineis, posterioribus ferrugineo-pilosis. Alis fumatis.*

♀ Noire; poils du labre un peu ferrugineux; ceux de la face, de la tête, du corselet, de l'abdomen noirs. 1ᵉʳ segment portant une bande étroite de poils couchés, blancs; le 2ᵉ et le 3ᵉ ayant sur les côtés une petite touffe de poils ferrugineux qui, chez les sujets frais, doit se continuer sous forme de bande. Poils des pattes antérieures et intermédiaires noirs, mêlés de ferrugineux; ceux des postérieures sont entièrement ferrugineux éclatant. Ailes enfumées; côte, nervures noires.

♂ Antennes noires. Chaperon jaune. Mandibules et labre noirs, ce dernier ayant une ligne perpendiculaire jaune sur le milieu. Poils de la face et du dessous du corselet blancs cendrés, ceux du dessus noirs, mêlés de jaunes. 1ᵉʳ segment hérissé de poils jaunes; les autres segments les ont noirs. Base du 1ᵉʳ segment portant une bande de poils blancs, couchés, 2ᵉ, 3ᵉ segments ayant une bande de poils ferrugineux qui disparaît souvent sur le 3ᵉ, pour n'y laisser qu'une tache latérale. Poils des pattes d'un beau ferrugineux. Ailes moins enfumées que chez la femelle.

Saint-Vincent. Collection Sichel, Dours.

N° 49. ANTHOPHORA DUBIA.

Evers., Faune, p. 114, n° 10.

Long.: — Corps 17 mm.; Euverg 30 mm.

♀ *Nigra. Facie immaculatâ nigrâ, clypeo valdè convexo.*

Capitis, thoracisque pilis fulvo-hirsutis. 1° segmento fulvo-cinerescenti-piloso, reliquis nigris puberulis; fasciis 1-4 albidis, 5 anoque ferrugineis; pedibus extùs albido-rufo, intùs ferrugineo-pilosis. Alæ subfucescentes.

♀ Noire; face immaculée. Chaperon très-convexe, son bord inférieur un peu ferrugineux. Poils de la face roux cendrés, blancs derrière les yeux et sur le labre. Corselet en dessus hérissé de poils roux, blanchâtres sur les côtés. 1ᵉʳ segment de l'abdomen hérissé de poils roux; une ligne de cils très-courts, plus foncée, sur le bord inférieur de ce segment. 2ᵉ, 3ᵉ, 4ᵉ, 5ᵉ segments revêtus de poils noirs, couchés, très-courts, entremêlés de roux sur le 2ᵉ. Bord inférieur des 2ᵉ, 3ᵉ, 4ᵉ cilié de poils blancs, couchés, ne formant pas imbrication sur les suivants. Bord inférieur du 5ᵉ et anus frangés de poils ferrugineux. Côtés et dessous de l'abdomen ayant des poils blanchâtres, roux sur le 5ᵉ segment. Poils des pattes roux en dessus, ferrugineux en dessous. Tarses de cette couleur. Ailes presque transparentes. Point calleux noir, côte et nervures d'un noir ferrugineux.

♂ Semblable à la femelle, sauf les taches jaunes caractéristiques de la face. Les pattes sont simples, sans épines, sans cils.

Iles de l'Archipel grec, montagnes de l'Oural, province d'Orenbourg, d'après Eversman. Collection Dours.

Cette espèce est très-voisine de l'*A. segnis* Evers.; la femelle s'en distingue par la pubescence un peu plus fauve du thorax, et surtout par la couleur du dessous des pattes, qui est noir dans l'*A. segnis,* ferrugineux-doré dans l'*A. dubia.* Celle-ci enfin appartient par son mâle à une subdivision toute différente; *A. dubia* ♂ a les pattes simples.

N° 50. ANTHOPHORA NIGRO-MACULATA.

Lucas, Expl. Alg. 3, 146, 10. Tab. 1, fig. 3, 8.

Long. : — Corps 22 mm.; Ailes 15 mm.

♀ *Magna, nigra, rufo-cinereo-hirsuta. Thorace 1°que seg-mento rufo-hirsutis, illo fasciâ mediâ nigrâ. Segmentorum fasciis* **2, 3, 4.** *albido-flavo-rufis. Pedibus ferrugineo-pilosis.*

♂ *Rufo-villosus, facie flavo-nigro-maculatâ. Pedibus simpli-cibus.*

♀ Noire. Tête ponctuée, portant sur la face des poils roussâtres, plus blancs en arrière et sur les côtés. Corselet en dessus hérissé de poils roussâtres, excepté sur le milieu, où ils forment un petit carré noir entre les deux ailes; en dessous ces poils sont blanchâtres, couleur qu'ils prennent partout en vieillissant. 1er segment de l'abdomen entière-ment revêtu de poils longs d'un cendré-roussâtre; les autres segments sont noirs. Bord inférieur de tous les segments, ainsi que des côtés de l'abdomen, ciliés de poils tantôt roux, tantôt cendrés, très-serrés aux 2e et 3e, rares au 4e. Anus ferrugineux, ainsi que les tarses. Les poils des pattes, de la brosse sont plus ou moins ferrugineux-cendrés. Ailes un peu enfumées. Côte et nervures brunes.

♂ 1er article des antennes en dessous, chaperon, joues, labre, milieu des mandibules, jaunes. Une grande tache en forme de croissant de chaque côté du chaperon; deux petits points sur les côtés du labre noirs. Le reste semblable à la femelle.

Algérie, Espagne, Portugal, îles de l'Archipel.

Collection Sichel, Dours.

N° 51. ANTHOPHORA ATRO-FERRUGINEA.

Dours.

Long. : — Corps 22 mm.; Ailes 15 mm.

♀ *Magna, aterrima pilis ferrugineis intermixta. Fasciis abdominis 1-3; pedibus anoque ferrugineo-pilosis. Alæ fumatæ.*

♂ *Facie flavá, nigro-maculatá, thoracis primique segmenti abdominis pilis ferrugineis, reliquis nigris; in thorace fasciá mediá-nigrá; fasciis 2-3 lineato-ferrugineis, pedibus nigris, cinereo-ferrugineo-pilosis. Alæ subfuscescentes.*

♀ Très-noire. Tête ponctuée, portant sur la face quelques poils ferrugineux, courts, rares, noirs à la partie postérieure. Corselet en dessus recouvert de poils noirs, épais; en dessous plus pâles. Une petite touffe de poils ferrugineux près du point calleux et sur les côtés du corselet. 1er segment de l'abdomen hérissé de poils noirs mêlés de ferrugineux sur les côtés; les autres segments sont noirs. Bord postérieur des 1er, 2e, 3e segments et anus ciliés de longs poils ferrugineux. Pattes noires en dessous, recouvertes en dessus de poils ferrugineux, épais. Tarses bruns. Ailes très-enfumées; point calleux, côte, nervures très-brunes.

Collection Sichel, Dours.

Le mâle de cette espèce ressemble tout-à-fait à celui de l'*A. nigro-maculata* Luc. M. le Dr Sichel pense que l'*A. atro-ferruginea* n'est qu'une variété de l'*A. nigro-maculata*, due au mélanisme.

♂ 1er article des antennes en dessous, joues, chaperon, labre, milieu des mandibules, jaunes. Une grande tache en forme de croissant de chaque côté du chaperon; deux petites taches sur les côtés du labre, noires. Poils de la tête, du corselet, du 1er segment de l'abdomen, hérissés, tantôt très-ferrugineux, tantôt roux-cendrés. Une bande de poils noirs entre les ailes et sur le corselet. Tous les segments de l'abdomen, à partir du 2ᵉ, garnis de poils noirs. Bord postérieur des 2ᵉ et 3ᵉ ciliés de poils roussâtres. Poils des pattes cendré-roux. Tarses bruns. Ailes moins enfumées que dans la femelle.

Cette espèce, prise très-fréquemment *in copulâ*, dans les îles de l'Archipel grec, se distingue facilement de l'*A. nigro-maculata* Luc. Les mâles présentent entre eux plus de ressemblance. M. Sichel pense que ces deux espèces doivent être réunies. Dans ce cas, la femelle offrirait une remarquable variété dont les analogies se retrouvent cependant dans l'*A. nidulans* ♀, dont l'*A. Maderæ* Sichel ne serait qu'une variété, dans l'*A. Hawartana* ♀ Kirby, qui ne serait qu'une variété noire de l'*A. retusa* ♀.

Italie, îles de l'Archipel grec.   Collection Dours, Sichel.

Nᵒ 52.   ANTHOPHORA NIGRO-CINCTA.

Lep., T. 2, p. 76, nᵒ 44.

Long. : — Corps 20 mm.; Enverg. 53 mm.

Nigra, albo-cinereo-villosa. Sarothro ferrugineo. Alis subfuscescentibus ♀ ♂.

♀ Noire. Poils de la face d'un blanc cendré plus ou moins terne. Labre et mandibules recouverts de poils ferrugineux, s'étendant quelquefois sur les côtés du chaperon. Corselet en dessus garni de poils cendrés, mêlés de noirs sur le milieu, plus blancs en arrière et sur les côtés. 1ᵉʳ, 2ᵉ segments de l'abdomen hérissés de poils blancs, ternes, plus longs sur le 1ᵉʳ; 3ᵉ, 4ᵉ, 5ᵉ segments noirs. Bord inférieur des 2ᵉ, 3ᵉ, 4ᵉ segments cilié de poils blancs, courts sur le 2ᵉ; s'étendant sur la moitié inférieure du 4ᵉ. Bord inférieur du 5ᵉ segment et anus garnis de poils ferrugineux; ceux des côtés et du dessous de l'abdomen blancs. Pattes antérieures

ayant sur leur tranche externe des cils blancs. Pattes intermédiaires et postérieures recouvertes de poils ferrugineux.
En dessous, les pattes sont noires avec un reflet ferrugineux.
Tarses de cette couleur. Ailes presque transparentes. Côte,
nervures brunes.

Var. *a*. Tous les poils blancs sont remplacés par des poils
roux.

Var. *b*. Tous les segments sont hérissés de poils blancs
épais, à peine entremêlés de quelques poils noirs sur le 3e.

Algérie, Grèce. Collection Sichel, Dours.

♂ Lep., T. 2, p. 77, n° 44.

Long. : — Corps 19 mm.; Enverg. 30 mm.

♂ Noire. Dessous du 1er article des antennes, chaperon,
labre, jaunes. Deux points noirs sur les côtés de ce dernier.
Joues, mandibules noires. Poils de la face blanchâtres,
mêlés de noirs sur le vertex. Corselet en dessus recouvert
de poils cendrés plus ou moins ternes, mêlés de noirs sur le
milieu. 1er, 2e segments de l'abdomen hérissés de poils
blancs ternes, plus longs sur le premier. 3e, 4e, 5e segments
noirs. Leur bord inférieur et leurs côtés hérissés de poils
blancs, éclatants. 6e segment et anus garnis de poils ferrugineux mêlés de noirs. Pattes recouvertes de poils blancs
entremêlés de noirs en dessus, tout-à-fait noirs en dessous.
Tarses bruns. Ailes un peu enfumées. Côte, nervures brunes.

Var. *a*. Var. *b*. Comme dans la femelle.

Algérie, Grèce. Collection Sichel, Dours.

N° 53. ANTHOPHORA LATI-CINCTA Dours.

Long. : — Corps 22 mm.; Enverg. 34 mm.

♀ *Nigra, nigro-lutescenti-villosa; abdomine apice albo.
Pedibus nigris, sarothro læte ferrugineo..*

♀ Noire. Poils de la face et du vertex noirs, mêlés de jaunes; ceux du labre ferrugineux-doré. Corselet hérissé de toutes parts de poils noirs, sauf à la partie postérieure, derrière l'insertion des ailes, où ils sont remplacés par une bande de poils presque jaunes. 1er segment de l'abdomen hérissé de poils jaunes; 2e, 3e, 4e segments noirs. Bord inférieur du 4e cilié de longs poils blancs. Bord inférieur du 5e et anus portant des poils ferrugineux. Dessous du corps en entier hérissé de poils noirs ferrugineux. Poils des pattes noirs. Brosse formée de poils ferrugineux-doré, semblables à ceux du labre. Tarses d'un ferrugineux-obscur. Ailes un peu enfumées. Côte, nervures noires.

Var. *a.* 4e, 5e segments hérissés de poils roux.

Mâle inconnu.

Ce n'est peut-être qu'une variété de l'*A. nigro-cincta.*

Corse.   Collection Sichel, Dours.

N° 54.   ANTHOPHORA BICILIATA.

Lep., T. 2, p. 83, n° 50.

Long. : — Corps 22 mm.; Enverg. 34 mm.

♀ *Magna, nigra, rufo-nigro-villosa. Segmentis 2-3 albo-ciliatis. Alæ fucescentes.*

♀ Noire. Poils de la face roux, mêlés de noirs sur le vertex, de ferrugineux sur le labre et les mandibules. Corselet en dessus et en dessous hérissé de poils roux-ferrugineux, mêlés de noirs sur le milieu. 1er, 2e segments abdominaux hérissés de poils roux, longs sur le 1er, rares, courts sur le 2e, surtout au milieu. 3e, 4e, 5e segments hérissés, noirs. Bord inférieur des 2e, 3e segments portant une bande de poils un peu plus pâle, à peine distincte sur le 3e. Poils de l'anus noirs, mêlés de roux. En dessous, cils des segments cendrés au milieu, un peu roux sur les côtés. Pattes en dessus d'un roux blanchâtre, noires en dessous. Tarses ferrugineux. Ailes enfumées. Côte, nervures noires.

Algérie, Espagne, Midi de la France.   Collection Sichel, Dours.

♂ Lep., T. 2, p. 84, nᵒ 50.

Long. : — Corps 22 mm.; Enverg. 34 mm.

♂ Dessous du 1ᵉʳ article des antennes jaune. Chaperon et labre de cette couleur, tournant parfois au ferrugineux. Deux taches noires sur les côtés du chaperon, deux points noirs sur les côtés du labre, en haut. Mandibules noires. Poils de la face cendré-roux, ceux de la partie antérieure du corselet cendré-noirs, ceux de la partie postérieure roux, ceux du dessous blancs. 1ᵉʳ, 2ᵉ segments de l'abdomen hérissés de poils roux, plus foncés, plus longs sur le premier. 3ᵉ, 4ᵉ, 5ᵉ, 6ᵉ segments ayant quelques poils noirs, courts, mêlés de roux sur le 6ᵉ et l'anus. Base des 2ᵉ, 3ᵉ portant une bande de poils blanchâtres, courts, s'étendant aussi en dessous. Poils des pattes cendrés, tarses ferrugineux.

Nᵒ 55. ANTHOPHORA SEMIS-CINEREA. Dours.

Long. : — Corps 15 mm.; Ailes 9 mm.

♀ *Nigra, fulvo-cinereo-hirsuta, thorace abdominisque segmentis 1-2 fulvo-cinereo-hirsutis, sarothro ferrugineo, 1ᵒ tarsorum posticorum articulo nigro-ferrugineo-piloso. Alæ hyalinæ.*

♀ Noire ; chaperon ponctué, sans ligne saillante au milieu. Poils du labre ferrugineux, ceux de la face noirs, mêlés de roux. Corselet en dessus et sur les côtés hérissé de poils cendrés-roux, mêlés de noirs sur le disque, de noirs lavés de ferrugineux en dessous. Abdomen finement ponctué; 1er, 2e segments hérissés de poils roux-cendrés, 3e, 4e, 5e segments ayant des poils noirs, courts, rares. Bords du 1er et du 2e segment portant une bande de poils blancs couchés, à peine marquée sur le 1er. Bord des autres segments et anus ornés d'une bande de poils noirs lavés de ferrugineux. En dessous, les segments sont noirs. Pattes recouvertes de poils noirs lavés de ferrugineux. Brosse d'un ferrugineux-doré. 1er article des tarses postérieurs en dessus noir-ferrugineux; les autres articles sont ferrugineux. Ailes transparentes. Côte, nervures brunes.

Dalmatie.

Voisine de l'*A. biciliata*, mais en diffère par le bord cilié des segments qui, dans celle-ci, commence au 2e, non au 1er.

N° 56.   ANTHOPHORA VETULA.

♀ Evers., Faune, p. 117, n° 17.

A. SENILIS, Evers. ?

Long.: — Corps 16 mm.; Enverg. 20 mm.

♀ *Magna, cano-hirta. Abdominis segmentis 1, 2, albido, reliquis rufo-aureo-tomentosis. Mandibulis tarsisque rufis; tarsorum 1° articulo rufo-aureo-hirto.*

♀ Noire. Poils de la face, de la tête, du corselet et de l'abdomen en dessus, blanc-cendrés, longs, épais. Base des 2e, 3e, 4e, 5e segments frangée de poils fauves ou roux, serrés. Anus ferrugineux. Poils des pattes en dessus ferrugineux, plus dorés en dessous. Ailes transparentes. Nervures brunes.

Mâle inconnu.

Collection Sichel, provenant des types Eversman.

Kalmugie.   Collection Forster.

NOTE. La *Megilla vetula*, Klug, Symb. phys., Déc. 5, Tab. 49, fig. 3, ne doit pas se rapporter à notre espèce. Celle décrite par Klug est sans doute le mâle d'*A. atricilla*, Eversm.

NOTE. La tête et le thorax ne sont pas, comme dit Eversman, « *tomento, cano ubique tecta,* » mais, comme il l'écrit plus exactement (Bull. de la Soc. de Moscou, à l'endroit cité par lui-même) *cano hirta* aussi sur les joues; c'est-à-dire que ce ne sont pas des poils courts du *tomentum*, mais de véritables poils longs qui couvrent ces parties.

Les écailles des ailes et la frange du milieu du 5e segment abdominal sont rousses, les pinceaux des métatarses postérieurs « *appendicula penicillata, articuli primi tarsorum posticorum* (Evers., Bull. Mosc.), » sont formés de poils roux, un peu dorés, comme dans d'autres espèces.

La taille est celle des plus grands individus de l'*A. pilipes* ou de l'*A. personata*.

N° 57. ANTHOPHORA REPLETA ♀. Dours.

Long. : — Corps 20 mm.; Enverg. 52 mm.

♀ *Magna, nigra, fulvo-hirsuta. Segmentis 4-5 nigris. Facie immaculatâ.*

♀ Noire. Tête entièrement noire, avec les poils de la face gris-fauve, mêlés de noirs sur le vertex. Poils du corselet noirs sur le milieu et en avant, fauves en arrière et sur les côtés, blancs en dessous. 1er, 2e, 3e segments abdominaux hérissés de poils fauves, plus courts sur le 2e et le 3e; 4e, 5e segments hérissés de poils noirs, mêlés de roux sur les côtés et à l'anus Dessous de l'abdomen garni de poils plus blancs. Pattes noires, hérissées de poils roux en dessus, noirs ferrugineux en dessous. Tarses bruns. Ailes transparentes, nervures noires. Point calleux de couleur ferrugineuse.

Mâle inconnu.

Province d'Orenbourg.   Collection Dours.

N° 58. ## ANTHOPHORA ROMANDII.

Lep., 3, 87, 54.

ANTHOPHORA INSIDIOSA, ♂ L. Duf., in litteris.

Long. : — Corps 15 mm.; Ailes 11 mm.

♀ *Nigra, cinereo-villosa. Abdomine nigro, 1, 2 segmentis cinereo-hirsutis; ano leviter ferrugineo; pedibus nigris albido-intermixtis. Alis hyalinis.*

♀ Noire. Poils de la tête et du corselet blancs, mêlés de quelques noirs sur les parties supérieures. Poils des 1er et 2e segments de l'abdomen en dessous hérissés blancs, ceux des 3e, 4e, 5e noirs; le bord inférieur du 3e portant un petit nombre de poils blancs, celui du 5e et les côtés de l'anus garnis de poils noirâtres un peu ferrugineux; cils du dessous des segments blancs sur les côtés, noirs sur le milieu. Poils des pattes noirs, quelques-uns blancs entremêlés, surtout sur les cuisses antérieures. Ailes transparentes, à peine un peu enfumées vers le bout. Côte et nervures noires.

Ex Saint-Fargeau.

L'*A. atricilla*, Evers. diffère par les poils de la tête et des deux segments de l'abdomen qui, chez elle, sont un peu plus tomenteux; par les pattes, dont les poils sont plus noirs. Taille plus grande.

♂ Dessous du 1er article des antennes, chaperon (deux lignes obliques sur les côtés, noires), labre (deux points noirs en haut), mandibules (leur extrémité noire), jaunes. Poils de la face et du corselet jaune-cendrés, un peu plus blancs en dessous. 1er, 2e segments de l'abdomen hérissés de poils cendrés, les autres de noirs; 2e, 3e segments portant une bande étroite de poils blancs, 4e, 5e, 6e ayant quelques poils ferrugineux au bout. En dessous et sur les côtés, les

segments ont des poils blancs. Pattes noires hérissées de
poils blancs, mêlés de roux, surtout aux tarses.

Algérie, Midi de la France.

Var. ♂ Thorace rufo-cinerescenti.

Algérie.   Collection Sichel, Dours

N° 59.   ANTHOPHORA ATRICILLA.

Evers., Faune, p. 116, n° 16,

Long. : — Corps 14 mm.; Ailes 10 mm.

♀ *Nigra, cano-tomentosa, hirsuta, segmentis 1-2 cano-
tomentosis, reliquis, pedibusque omnibus atro-hirsutis.*

♂ *Labro et hypostomatis parte inferiore flavis, segmentis
duobus ultimis atris.*

Ex Eversman.

♀ Noire. Poils de la tête, du corselet et des deux premiers
segments abdominaux hérissés de poils blancs, tomenteux,
courts; 4e, 5e segments et pattes recouverts de poils noirs.
Point calleux, côte, nervures brunes.

♂ 3e segment recouvert comme les deux premiers de poils
courts, tomenteux, blancs. Poils des pattes hérissés, blanchâtres.

Cette espèce me paraît identique avec l'*A. Romandii* Lep.;
celle-ci toutefois est un peu plus petite.

Algérie, Russie.   Ex Eversman.

N° 60.   ANTHOPHORA PEDATA.

♀   Evers., Faune, p. 116, n° 15.

Long.: — Corps 16 mm.; Enverg. 24 mm.

♀ *Atra, atro-hirsuta, thorace abdominisque segmento primo
albido-hirsutis; sarothro fulvo.*

. ♀ Noire. Poils de la face très-noirs, ceux du corselet en dessus et sur les côtés cendrés noirâtres. 1er, 2e segments de l'abdomen hérissés de poils cendrés, très-rares sur le 2e, où ils ne forment qu'une bande de cils, blanchâtres sur le bord inférieur. Les autres segments sont hérissés de poils noirs. En dessous, le vertex est de couleur ferrugineuse sombre; tous les segments bordés de cils ferrugineux-noir, assez longs. Pattes noires; brosse d'un ferrugineux éclatant. Dernier article des tarses ferrugineux. Ailes hyalines, nervures, côte noires.

Nota. Il faut ajouter les remarques suivantes à la description d'Eversman.

« *Clipei linea media, Evers.* » Cette ligne, peu élevée, incomplète, va de la pointe jusqu'au centre et manque en haut. De chaque angle supérieur externe du chaperon, une autre ligne petite, élevée, longue de 2 mm. descend obliquement vers le centre..

Les segments abdominaux 2 à 6 sont presque glabres par l'usure; le 3e porte sur sa base une ligne tomenteuse grisâtre, assez large, disparaissant sur les côtés; sur le 2e et le 4e se voient des traces d'une bande semblable.

Ailes hyalines. Taille des plus grands individus de l'*A. pilipes.* Un peu moins large que l'*A. personata.*

(Décrite d'après deux individus très-vieux, très-usés.)

No 61.   ANTHOPHORA BELIERI. Sichel.

Long. : — Corps 12 mm.; Ailes 9 mm.

♀. *Nigra, griseo-hirsuta, thorace abdominisque segmentis 1-2 griseo-hirsutis, sarothro albicanti, 1° tarsorum posticorum articulo nigerrimo. Alœ hyalinœ, apice fuscœ.*

♀ Noire. Chaperon ponctué, une ligne saillante sur son milieu, une deuxième parallèle à son bord inférieur. Poils du labre ferrugineux, ceux de la face cendrés, ceux du vertex noirs. Corselet en dessus et sur les côtés recouvert de poils gris un peu roussâtres, de noirs en dessous. Abdomen lisse, 1er segment hérissé de poils gris assez longs; 2e segment ayant quelques poils noirs, courts, mêlés de gris. Les autres segments sont noirs avec des poils noirs, courts, rares. Anus ferrugineux. Bord du 2e segment portant une bande de cils gris; 3e, 4e, 5e portant une bande de cils noirs lavés de ferrugineux. En dessous, les segments et leurs cils sont noirs. Poils des pattes noirs, lavés de ferrugineux ; brosse blanche, avec une teinte légère rousse. 1er article des tarses postérieurs noirs en dessus, un peu ferrugineux en dessous; dernier article ferrugineux. Ailes transparentes, un peu enfumées au bout. Côte, nervures brunes.

Sicile.

Très-voisine de l'*A. pedata*, Evers., mais d'un tiers plus petite.

N° 62.   **ANTHOPHORA ATRIFRONS.**

Smith, Cat., p. 333, n° 80.

Long. : — Corps 14 mm.

♀ *Nigra, fulvo-villosa; thorace abdomineque fulvo-pilosis; illo fasciâ mediâ nigrâ. 1°, 2°que segmentis in medio nigro-pilosis. Pedibus nigris.*

♀ Noire. Poils de la tête noirs, ceux du vertex fauves. Corselet en dessus hérissé de poils fauves brillants, avec une tache ronde de poils noirs sur le milieu. Abdomen en dessus hérissé de poils fauves brillants, avec un pinceau de poils noirs sur le milieu du 1er et du 2e segment; en dessous l'abdomen et les pattes en entier sont recouverts de poils noirs. Ailes un peu enfumées.

Cap de Bonne-Espérance.   Ex Smith.

(Je n'ai pas vu cette espèce.)

No 63. **ANTHOPHORA MEXICANA.** Sichel.

Long. : — Corps 17 mm.; Ailes 11 mm.

♀ *Nigra; thorace fulvescenti, interdùm in disco nigrescenti-villoso. Abdomine nigro, fasciis, pedumque pilis cinereo-albis.*

♀ Noire. Poils de la tête, du corselet en dessus et sur les côtés, fauves, cendrés en dessous. Milieu du corselet ayant quelquefois des poils noirs. 1er segment de l'abdomen hérissé de poils fauves, plus rares sur les autres segments. Base de chacun d'eux portant une bande étroite de poils cendrés, couchés. En dessous, les segments ont la même pubescence. Pattes noires, recouvertes de poils cendrés. Ailes transparentes. Côte, nervures noires.

♂ Dessous du 1er article des antennes jaune, ainsi que le chaperon et le labre. Deux grandes taches sur les côtés du 1er, deux points sur le 2e, en haut noirs. Extrémité des mandibules noire. Poils de la face et du corselet en dessous cendrés. Ceux du corselet en dessus d'un fauve brillant. 1er segment de l'abdomen hérissé de poils fauves, les autres en ont de noirs, courts. Base de tous les segments et le 6e en entier recouverts d'une bande de poils cendrés, plus ou moins roux, s'étendant en dessous et sur les côtés. Poils des pattes cendrés.

Mexique. Collection Saussure, Dours.

No 64. **ANTHOPHORA ROBUSTA.**

MEGILLA ROBUSTA, Klug. Tab. 49, fig. 5, 14.

Long. : — Corps 20 mm.; Ailes 12 mm.

♀ *Nigra, thorace abdominisque primo segmento testaceo-villosis, 2o, 3oque apice dense albido-ciliatis.*

9

Magnitudine fere et staturâ M. Hispanicæ (intermediæ).
Nigra. Caput confertim punctatum, immaculatum, sparsim
fulvo-villosum. Thorax dense fulvo-villosus, pilis in medio
dorsi fuscis intermixtis. Abdomen subtiliter punctatum,
segmento 1°, suprà fulvo-villoso, segmentis reliquis nigro-
tomentosis, 2°, 3°que apice dense albido-ciliatis. Subtùs
abdomen fuscum, segmentis margine ciliatis. Alæ vix infuscatæ, hyalinæ, nervis stigmateque fuscis. Alarum tegulæ
testaceo-ferrugineæ. Pedes nigro-picei, tibiis tarsisque latere
interno fusco, externo testaceo-hirtis.   (KLUG.)

Syria.   (Je n'ai pas vu cette espèce.)

Nº 65. ANTHOPHORA FUSCIPENNIS. Smith.

Cat., p. 338, n° 100.

Long. : — Corps 10 mm.

♀ *Nigra. Abdomine nitido; 4° segmento albo maculato,
tarsis ferrugineis.*

♀ Noire. Chaperon grossièrement ponctué. Corselet un
peu plus finement ponctué, hérissé de poils noirs. Abdomen
brillant, finement ponctué, recouvert de poils noirs; base
du 4° segment portant de chaque côté un petit pinceau de
poils blancs. Tarses ferrugineux. Ailes enfumées.

Amérique du Nord.   Ex Smith.
                              (Je n'ai pas vu cette espèce.)

Nº 66. ANTHOPHORA FULVIFRONS. Smith.

Cat. 331, 115.

Long. : — Corps 10 mm.; Ailes 8 mm.

♀ *Parva, nigra, capite thoraceque fulvo-piloso. Abdomine*

nigro, **2, 3, 4** *segmentis flavo-marginatis; femoribus ferru-gineis, extùs nigro-pilosis. Antennis ferrugineis. Alis fumatis.*

♀ Noire. Antennes et mandibules ferrugineuses. Face noire, recouverte de poils fauves s'étendant sur le vertex et à la partie antérieure du corselet. Celui-ci jaune-cendré sur les côtés, noir au milieu et à la partie postérieure. Abdomen brillant, finement ponctué, noir. Base des 2e, 3e, 4e segments portant une bande étroite de poils jaunes. 5e segment et anus hérissés de poils noirs, mêlés chez le dernier de quelques poils ferrugineux. Pattes ferrugineuses, recouvertes, surtout sur les postérieures, de longs poils noirs, lavés de ferrugineux. Ailes un peu enfumées. Côte, nervures noires. Point calleux ferrugineux-noirâtre.

♂ Semblable à la femelle. 6e segment ayant comme les autres une bande jaune.

Brésil.   Collection Dours.

N° 67. ANTHOPHORA NITIDULA. Sichel.

Long : — Corps 11 mm.; Ailes 7 mm.

♀ *Nigra, violacea; facie thoraceque cinereo-villosâ. Abdomine nitido-violaceo. Fasciis 1-2 albis; pedibus nigris, nigro-ferrugineo-villosis.*

♂ *Antennis medio testaceis, pedibus extùs cinereo-villosis.*

♀ Noire, avec un reflet violacé. Chaperon et labre recouverts de poils blancs un peu roussâtres. Poils du vertex et du corselet en dessus cendrés, noirs en dessous. Abdomen brillant, très-finement ponctué, à reflets violets. 1er segment hérissé de poils cendrés mêlés de noirs. Les autres segments ont des poils noirs très-courts, plus abondants sur les côtés et à l'anus, où ils sont mêlés de ferrugineux. Bord des 1er et 2e segments portant une bande de poils blancs plus ou moins cendrés, interrompue par l'usure chez les vieux sujets. En dessous, l'abdomen est noir. Pattes noires, recouvertes de poils noirs lavés de ferrugineux, longs sur la tranche externe du 1er article des tarses. Ailes presque transparentes; côte, nervures noires.

♂ Milieu des antennes de couleur ferrugineuse. Pubescence semblable à celle de la femelle, sauf sur la partie externe des pattes, où elle est cendrée.

Chili.   Collection Dours.

Nº 68.   ANTHOPHORA CHILIENSIS.

Spin., Faune, Chili, VI, 172, 1, ♂.

A. TRI-STRIGATA, Spin., Faune Chili, VI, 171, 1, ♀.

Long. : — Corps 11 mm.; Ailes 7 mm.

♀ *Nigra, cinereo-pilosa. Fasciis abdominis albis. Pedibus nigro, ferrugineo-pilosis. Tarsis ferrugineis.*

♂ *Labro luteo.*

♀ Noire. Poils du labre cendrés-ferrugineux, ceux du chaperon cendrés, mêlés de noirs sur le vertex. Corselet en dessus et sur les côtés hérissé de poils cendrés, un peu ferrugineux, noirs en dessous. 1er segment de l'abdomen hérissé de poils cendrés-ferrugineux; les autres en ont de noirs, courts, couchés. Bord inférieur de tous les segments portant une bande de poils blancs, couchés, souvent peu visible sur le premier pour cause d'usure. Anus noir avec quelques poils ferrugineux très-courts. En dessous, les segments sont ciliés de poils cendrés-ferrugineux. Pattes rouges, hérissées de poils noirs mêlés de ferrugineux en dessus, tout-à-fait noirs en dessous. Tarses ferrugineux. Ailes enfumées. Côte, nervures noires.

♂ Semblable à la femelle, sauf le labre qui est jaune. Les poils sont plus cendrés que chez la femelle.

Chili.   Collection Sichel, Dours.

NOTA. L'*A. tri-strigata*, Sp., est un sujet vieux appartenant à cette espèce.

N° 69. ANTHOPHORA NIGRITA.

MEGILLA NIGRITA, Fab., Syst. Piez, 331, 11.

Long. : — Corps 10 mm.; Ailes 8 mm.

♂ *Nigra; capite thoraceque albo-cinerescenti-piloso. Abdomine nigro; segmentis 1-4 niveo-lineatis, in medio interruptis. Pedibus ferrugineis, extùs albo, subtùs ferrugineo-pilosis.*

♂ Antennes noires; face immaculée, recouverte de poils blancs, cendrés-noirs sur le vertex, sur le milieu et les côtés du corselet. 1er segment de l'abdomen hérissé de poils cendrés sur le milieu, de blancs sur les côtés. Les autres segments ont des poils noirs, courts, mêlés de ferrugineux au 6e et à l'anus. Base des 1er, 2e, 3e, 4e segments portant une petite ligne de poils couchés, blancs, interrompue aux 2e, 3e, 4e. Pattes ferrugineuses, recouvertes en dessus de poils blancs, de ferrugineux en dessous. Tarses ferrugineux. Ailes transparentes. Côte, nervures noirâtres.

Amérique.   Collection Dours.

N° 70.   ANTHOPHORA FEMORATA.

Lat., Gen. Crust. et Insect. T. 4, p. 176, ♂.

Panz., Faune, 105, 19, ♀; 18, ♂.

Lep. Saint-Farg., ♀ ♂, 19, T. 2, p. 45, 19.

A. cinerea Klug, Evers., Faune, p. 112, 7?

Long. : — Corps 15 mm.; Ailes 11 mm.

♀ *Nigra; albo vel fulvo-cinereo-hirsutâ Capite thoraceque albo vel fulvo-cinereo-pilosis, hoc nigro fasciato. Abdomine atro, segmentis 2-4 albo-ciliato marginatis. Pedibus albohirsutis. 1° tarsorum articulo subtùs ferrugineo.*

♀ Noire. Poils de la tête cendrés-roux sur le vertex ainsi que sur le corselet en dessus. Ce dernier présente une touffe noire entre l'insertion des ailes. 1er segment de l'abdomen hérissé de poils roux. Les autres segments sont revêtus de poils rares, cendrés. Bord inférieur des 2e, 3e, 4e segments garnis d'une bande de poils blanchâtres, très-étroite au 2e. Ces mêmes poils blanchâtres revêtent les côtés et le dessous de l'abdomen, ainsi que le dessous du corselet et des deux premières paires de pattes. Palette et tarses en dessous un peu ferrugineux. Ailes transparentes, un peu enfumées au bout. Nervures, côte brunes.

♂ *Hypostomate, mandibulisque flavo-eburneis. Corpore cano vel fulvo-hirsuto. Metatarsis posticis dilatatis, 1° articulo 2 dentibus acutis armato. Femoribus posticis crassissimis.*

Long. : — Corps 18 mm.; Ailes 14 mm.

♂ Noire. Dessous du 1er article des antennes jaune, ainsi que le chaperon, une ligne transversale au-dessus de lui, le labre, les joues et la base des mandibules. Deux taches noires sur la partie antérieure du chaperon; deux petits points noirs sur les côtés supérieurs du labre. Poils de la face, du vertex, du corselet en dessus, du 1er segment abdominal hérissés, cendrés-roux, plus pâles en dessous. Les autres segments abdominaux ont des poils plus rares, cendrés, mêlés de noirs. Poils des pattes cendrés. Cuisses intermédiaires et postérieures renflées. Jambes postérieures dilatées, concaves en dessous, le 1er article de leur tarse dilaté, armé de deux épines, une longue très-aiguë sur le côté interne, l'autre plus courte, surtout vue de face sur le côté externe, portant en outre intérieurement des poils roux.

France, Algérie.   Collection Sichel, Dours.

Très-rare à Paris et dans toute l'Europe, quand on ne connaît pas son gite. Elle est fréquente au commencement de juin à Paris dans le bois du Vésinet, actuellement presque détruit, sur la Vipérine (*Echium vulgare*). Le mâle semble cesser de paraître dans la deuxième moitié de juin. Cette espèce, la femelle surtout, vole très-vite et fait entendre un bourdonnement très-aigu qui la fait reconnaître de loin.

N° 71.   ANTHOPHORA SEGNIS.

Evers., Faune, 9, p. 113.

A. MICRODONTA ♂. L. Duf., in litteris.

Long.: — Corps 18 mm.; Ailes 14 mm.

♀ *Atra, fulvescenti-hirsuta. Abdomine atro, segmentorum fasciis albido-tomentosis, ano fulvescenti-piloso. Pedibus externe albido-hirsutis, interne atro-hirtis. Alis sordide hyalinis.*

♀ Noire. Poils de la tête en dessus et en dessous blanchâtres. Ceux du vertex, du labre, du corselet en dessus et

sur les côtés très-roux. Une touffe de poils noirs entre les
ailes. Abdomen très-bombé. 1er segment hérissé de poils
roux, 2e, 3e, 4e segments lisses, très-finement ponctués;
5e segment, anus et dessous de l'abdomen hérissés de
poils ferrugineux. Bord inférieur des 2e, 3e, 4e segments en dessus ornés d'une large bande de poils couchés,
blancs. Poils des pattes ferrugineux-pâles en dessus,
noirs en dessous. Ailes un peu enfumées. Côte et nervures
noires.

♂ *Facie immaculatâ, eburneâ vel flavâ; metatarso postico
valido, levi dente armato.*

♂ 1er article des antennes en dessous, chaperon, sauf le
bord inférieur qui est noir, joues, labre, base des mandibules éburnés. Poils de la face blanchâtres, ceux du vertex,
du corselet en dessus et sur les côtés hérissés, roux. Ces
poils sont blancs en dessous. Abdomen très-convexe, bombé.
1er segment garni de poils roux, les autres sont nus. Bord
inférieur des 2e, 3e, 4e, 5e, 6e orné d'une large bande de
poils cendrés. Anus et bord inférieur de tous les segments
en dessous hérissés de poils roux. Pattes portant en dessus
des poils d'un ferrugineux blanchâtre, roux-noirs en dessous. Cuisses postérieures renflées, leurs jambes dilatées,
creusées et concaves en dessous. 1er article des tarses postérieurs dilaté et armé d'une petite dent à sa partie antérieure; les quatre suivants bruns-ferrugineux.

(Eversman.)

Iles de l'Archipel, provinces d'Orenbourg et d'Astrakan, Algérie.

Collection Dours, Sichel, ♂.

Très-voisine de l'*A. femorata*, mais très-distincte par la confi-
guration des pattes chez le mâle.

N° 72. ANTHOPHORA OXYGONA. Dours.

Long. : — Corps 18 mm.; Ailes 14 mm.

♂ *Nigra, cinereo-villosa. Facie luteá, nigro-maculatá. Abdomine nigro-cinerescenti, fasciis albido-cinerescentibus; femoribus posterioribus crassis; tibiis extùs, 1°que articulo tarsorum dente acuto armatis.*

♂ Noire. Dessous du 1ᵉʳ article des antennes jaune. Chaperon jaune, une large bande noire sous les antennes; deux taches noires sur le milieu. Labre jaune, deux petits points noirs sur les côtés, en haut. Mandibules jaunes, noires au bout. Poils de la face blanchâtres, noirs sur le vertex. Corselet en dessus et sur les côtés jaune-cendré, noir sur le milieu, blanchâtre en dessous. 1ᵉʳ, 2ᵉ segments de l'abdomen hérissés de poils cendrés, très-épais sur le premier. Poils des 3ᵉ, 4ᵉ, 5ᵉ noirs, rares. 5ᵉ segment entièrement recouvert de poils blancs. Chaque segment porte une bande de poils blancs, couchés, à peine marquée sur le premier. Anus noir, ayant quelques poils blancs sur les côtés. En dessous, les segments sont ciliés de poils blancs. Pattes hérissées de poils blanchâtres. Tarses ayant des poils blancs mêlés de ferrugineux en dessus et de noirs-ferrugineux en dessous. Cuisses postérieures très-épaisses. Jambes de cette paire de pattes un peu arquées, légèrement creusées en gouttière, armées d'une dent aiguë sur le bord externe, près de l'articulation tibio-tarsienne. 1ᵉʳ article des tarses postérieurs très-long, aplati, portant sur le bord interne une petite épine, sur le bord externe une touffe de poils blancs.

Cette espèce est très-voisine de l'*A. femorata*, dont elle diffère surtout par la taille, ainsi que par la conformation des tibias.

Sierra de Guadarrama (Espagne).   Collection Dours.

N° 73. ANTHOPHORA IRREGULARIS. Dours.

Long. : — Corps 12 mm.; Ailes 9 mm.

♂ *Nigra, flavo-villosa ; femoribus crassis; 1° tarsorum intermediorum articulo irregulari, interne sinuato ; 1° articulo posticorum pyramidali, tribus apophysis armato; ultimo longissimo, reliquis externè albo-ciliatis.*

♂ Dessous du 1ᵉʳ article des antennes jaune, 2ᵉ, 3ᵉ noirs, les autres ferrugineux. Moitié supérieure du chaperon noire, moitié inférieure, labre (deux points noirs sur les côtés), mandibules (leur bout ferrugineux-noir) jaunes. Poils de la face blanc-jaunâtres, ceux du corselet en dessus et sur les côtés jaunes, mêlés de noirs sur le disque, plus blancs en dessous. 1ᵉʳ segment de l'abdomen hérissé de poils jaunes, les autres en ont de semblables, plus courts, plus rares, sauf sur le 5ᵉ et le 6ᵉ, où ils recouvrent les segments en entier. Bord de tous les segments portant une bande de poils jaune-blanchâtres, couchés. Même pubescence en dessous de l'abdomen. Poils des pattes jaunes en dessus, dorés en dessous. Cuisses renflées. 1ᵉʳ article des tarses intermédiaires long, sinué à sa partie interne et terminé de ce côté par une apophyse ronde. Jambes postérieures creusées en gouttière en dessous. 1ᵉʳ article des tarses de cette paire large, en forme de pyramide quadrangulaire; le côté interne terminé par une apophyse un peu aiguë, le côté externe par deux apophyses mousses. Bord externe des 1ᵉʳ, 2ᵉ, 3ᵉ, 4ᵉ articles des tarses cilié de poils blanc-jaunâtres, 5ᵉ article très-long, filiforme, entièrement nu. Crochets noirs. Ailes transparentes; côte, nervures brunes. Point calleux ferrugineux-pâle.

Arménie.   Collection Dours.

Cette espèce remarquable présente les caractères buccaux et alaires des Anthophora, ceux des tarses appartenant aux Habropoda. Elle relie en outre les deux genres par les signes tirés du gonflement des cuisses, des cils offerts par les espèces de la section des Femorata et des Pilipes.

N° 74. ANTHOPHORA DIVES. Dours.

Long. : — Corps 16 mm. ; Ailes 12 mm.

♂ *Nigra, fulvo-nigro-hirsuta, facie eburneâ, mandibulis ni-gerrimis; articulis 1°-5°que tarsorum intermediorum nigro-peni-cillatis; femoribus posterioribus crassis, extùs albido-pilosis; tibiis posticis excavato-concavis, dente obtuso externè armatis, extùs albido-pilosis, intùs nigro-penicillatis. 1° tarsorum arti-culo, difformi dente obtuso externè armato. Alæ hyalinæ.*

♂ Dessous du 1er article des antennes, face toute entière, sauf les deux lignes noires suturales des joues, deux petits points noirs sur les côtés du labre en haut, de couleur d'ivoire. Mandibules très-noires. Poils de la face blanchâtres mêlés de jaunes, de noirs sur le vertex. Corselet en dessus hérissé de poils fauves, mêlés de noirs sur le disque, de blancs en dessous. 1er segment de l'abdomen revêtu de poils fauves, dressés, longs; 2e, 3e et base du 4e en ayant de noirs, courts; partie inférieure du 4e, 5e et 6e revêtue de poils blancs, mêlés de ferrugineux, surtout sur le bord, les côtés et en dessous. Poils des pattes hérissés, blancs, ferru-gineux sur la tranche externe. Tarses ferrugineux, 1er et 5e articles des tarses intermédiaires garni d'un pinceau de poils noirs. Cuisses postérieures épaisses; jambes dilatées, creusées en gouttière à la surface inférieure, présentant près de son éperon noir une dent mousse, et garnies du côté interne d'un faisceau de poils longs, noirs. 1er article des tarses de cette paire très-élargi en haut et armé sur le bord externe d'une apophyse pyramidale tronquée au sommet. Ailes transparentes; côté, nervures brunes.

Dalmatie.   Collection Dours.

N° 75.   ANTHOPHORA CALCARATA.

Lep. Saint-Fargeau, T. 2, 42, 16, ♀ ♂.

ANTHOPHORA CRASSIPES ♂. Lep. Saint-Fargeau, T. 2, 41, 15.

Long.. – Corps 14 mm.; Ailes 10 mm.

♀ *Nigra, albo-cinereo-villosa. 1° segmento fulvo, reliquis nigro-hirtis, fasciis albis, femoribus suprà albo, infrà nigro-ferrugineo-hirsutis. Alis hyalinis.*

♀ Noire. Face, tête recouvertes de poils blancs mêlés de noirs. Poils du corselet en dessus roux, mêlés de noirs au milieu, blancs en dessous. 1er segment de l'abdomen hérissé de poils roux, blancs sur les côtés ; les autres segments sont noirs, très-finement ponctués. Anus un peu ferrugineux. Bord inférieur de tous les segments orné d'une bande de poils blancs, brillants, presque nulle sur le 1er, étroite sur le milieu des 2e et 3e et s'élargissant sur les côtés. En dessous, l'abdomen est ferrugineux, ses segments ciliés de poils blancs. Pattes ferrugineuses, hérissées de poils blancs en dessus, ferrugineux-noirs en dessous. Tarses ferrugineux. Ailes transparentes, un peu enfumées au bout. Point calleux, côte, nervures noirs.

♂ *Nigra, albo-cinereo-villosa ; femoribus posticis, crassis dente basi armatis, tibiis posticis crassis, valgis excavatis, dente acutissimè externè armatis.*

Long. : – Corps 10 mm.; Ailes 8 mm.

♂ Noire. Dessous du 1er article des antennes, joues, une ligne transversale au-dessous du chaperon, chaperon, à l'exception des côtés et du petit bord inférieur, labre, sauf deux petits points noirs de chaque côté en haut, base des mandibules jaunes. Poils de la face blanchâtres. Corselet en dessus hérissé de poils cendrés, blancs en dessous et sur les côtés. 1er segment de l'abdomen recouvert de poils cendrés, les suivants de poils noirs, ceux de l'anus ferrugineux. Bord inférieur de tous les segments orné d'une bande de poils blancs assez large, sauf au 1er, où elle est à peine marquée. Poils des pattes blancs, tarses ferrugineux. Cuisses postérieures épaisses, munies à leur base d'une, quelquefois de deux petites dents obtuses. Jambes postérieures épaisses, contournées, portant un appendice qui commence à la base, reste adhérent jusqu'à l'extrémité de la jambe et se termine par un long onglet très-aigu. 1er article des tarses postérieurs long, mais sans dent ni épine.

Afrique (Pontéba), Brest, Montpellier.   Collection Sichel, Dours.

La pubescence de *crassipes* est plus blanche, les tarses plus ferrugineux que dans *calcarata*.

N° 76. ANTHOPHORA QUADRIMACULATA.

Lep. Saint-Fargeau, T. 11, p. 85, 51, ♀.

Apis quadrimaculata, Panz., Faune Germ., 56, 7, ♂.

Apis vulpina, Kirby, Mon. Ap. Ang., T. 11, p. 290, 65, ♂ (nec Panz).

Apis subglobosa, Kirb., id., p. 295, 68, ♂.

Saropoda vulpina, Smith, Zool., 111, 892, 2, ♂ ♀.

Megilla quadrimaculata, Fab., Syst. Piez, p. 331, 14.

Nylander, Ap. Bor., p. 244. Eversm., Faune, p. 110, 5, ♀ ♂.

Anthophora mixta, Lep., 11, p. 85, 52, ♂.

Anthophora vara? ♂. Lep., 11, 43, 17.

Anthophora borealis, Mor., Bull. de Moscou, 1864, p. 446.

Long : — Corps 13 mm.; Ailes 9 mm.

♀ *Nigra, ferrugineo-griseo-hirsuta. Segmentis albido vel fulvos-ubcingulatis. Pedibus cinereo hirsutis.*

♀ Noire. Poils de la face, du vertex, du corselet roussâtres, plus pâles en dessous. Tous les segments abdominaux, surtout le premier, hérissés de poils de cette couleur.
Bord de tous les segments orné d'une bande de poils plus
blancs, étroite au 1er segment. Anus et dessous de l'abdomen
garnis de poils un peu ferrugineux. Poils des pattes en
dessus cendrés, en dessous noirs-ferrugineux. Tarses de
cette dernière couleur. Ailes enfumées vers le bout. Point
calleux noir; côte et nervures roussâtres.

Var. 1. Pubescence presque entièrement cendrée. Bord des
segments orné de cils blancs, longs, surtout au 3ᵉ et au 4ᵉ.

♂ Long.: — Corps 12 mm ; Ailes 8 mm.

♂ *Facie flavo-nigro-maculatâ. Segmentis albido-ciliato-
marginatis. Femoribus intermediis posticisque crassiusculis.*

♂ Noire. Dessous du 1er article des antennes jaune, ainsi
que la base des mandibules, le chaperon, sauf une tache
noire de chaque côté de la base et les bords latéraux et
inférieurs, qui sont noirs; le labre, sauf un point noir de
chaque côté de la base et les bords latéraux et inférieurs,
qui sont noirs. Pubescence semblable à celle de la femelle.
Cuisses intermédiaires et postérieures un peu renflées.

Var. 1. Pubescence presque entièrement cendrée. Bord
des segments comme dans la variété 1 ♀.

France, Algérie.   Collection Sichel, Dours.

M. Morawitz, in Bull. de Moscou, 1864, p. 446, désigne sous le
nom de *A. borealis* une variété de *A. 4-maculata*, qui ne diffère
du type que par la couleur noire des tarses, caractère qui se trouve
par gradations successives dans les nombreux individus indigènes
que nous possédons.

N° 77.   ANTHOPHORA TARSATA Sichel.

Long. : — Corps 13 mm.; Ailes 9 mm.

♀ *Nigra, rufo-villosa. Segmentis 1-4 flavo-albido-marginatis. Alæ subhyalinæ.*

♀ Face noire. Chaperon, labre ponctués, une ligne saillante sur le milieu du chaperon. Poils de la face fauves. Corselet en dessus hérissé de poils fauves, mêlés de noirs sur le disque, plus pâles, presque blancs en dessous. 1er segment de l'abdomen hérissé de poils fauves, les autres segments en ont de noirs, courts, plus nombreux sur le 5e. Bord de tous les segments portant une bande blanche un peu jaunâtre, brillante, unie. En dessous et sur les côtés, les poils sont fauve-pâle. Pattes ferrugineuses, les deux paires antérieures revêtues en dessus de poils cendrés, de ferrugineux en dessous. Les postérieures sont recouvertes de poils d'un fauve noir. 1er article des tarses postérieurs hérissé sur sa surface externe de poils fauves-noirs avec un pinceau de poils noirs à son extrémité. En dessous, les tarses sont ferrugineux-doré. Ailes transparentes, un peu enfumées au bout. Côte, nervures brunes. Point calleux testacé.

♂ *Femoribus posticis crassis, tibiis subtùs excavatis, externè dentatis; articulo 1° tarsorum dilatato, duabus spinis, unâ maximâ externâ, armatis.*

♂ Dessous du 1er article des antennes jaune. Chaperon, labre et mandibules jaunes, sauf deux petits points en haut sur le premier, deux autres sur les côtés du second, qui sont noirs. 6e segment bordé de blanc comme les précédents.

Cuisses postérieures renflées, hérissées de poils blancs. Jambes creusées en gouttière et prolongées snr le côté externe par une longue épine aiguë. 1er article des tarses de cette paire large, portant sur le bord externe deux épines dont la première est plus longue et très-aiguë. Le dessous de tous les tarses est recouvert de poils dorés, un peu blancs en dessus.

Mexique.   Collection Sichel, Dours.

N° 78.   ANTHOPHORA VALGA.

Megilla valga, Klug, 49, 15, 12.

Long. : — Corps 16 mm.; Ailes 12 mm. ?

♂ *Nigra, fulvo-tomentosa, capite, thorace abdomineque albido-villosis, capite antice antennarumque articulo 1°, subtùs flavis. Pedibus nigro-piceis, posticis elongatis, subcompressis, tibiis incurvis tarsorum articulo 1°, incrassato, trigono.*

♂ Nigra. Caput antice flavum, albido-villosum, mandibulis antennisque nigris, illis basi, horum articulo 1° subtùs flavis. Thorax subtùs albido-dorso–fulvo-villosus. Alæ hyalinæ, apice parum infuscatæ, nervis stigmateque fuscis. Tegulæ testaceæ. Pedes nigro-picei, femoribus subtùs albido-villosis, tibiis tarsisque extùs fulvo-hirtis. Pedes postici longiores, subcompressi, tibiis subincurvis, basis intùs nigrociliatis. Tarsorum articulus primus incrassatus, trigonus, quintus antecedendibus tribus longior. Abdomen punctatum, albido-pilosum, segmentis apice densius albido-tomentosis, segmento 1°, insuper basi fulvo-villoso.   (Klug.)

Arabia Deserta.

(Je n'ai pas vu cette espèce.)

Nº 79.   **ANTHOPHORA TAUREA.**

Say, Bost., Journ. Nat. Hist., 1, 409, 1, ♂.

Long. : — Corps 12 mm.; Ailes 10 mm.

♀ *Nigra, capite cinerescenti vel flavido-piloso; thorace cinerescenti nigro-fasciato. Abdomine nigro, 1° segmento nigro cinerescenti-piloso. Segmentorum 2, 3, 4 fasciis albo vel flavido-pilosis. Pedibus ferrugineis nigro-hirsutis. Alœ hyalinœ.*

♀ Noire. Poils de la tête cendrés, mêlés de noirs sur le vertex. Corselet en dessus et sur les côtés hérissé de poils cendrés, au milieu desquels tranchent trois-bandes noires, une transversale en arrière et deux sur les côtés en forme de croissant se regardant par leur convexité, dépassant le point calleux et se rejoignant par leur partie inférieure. 1er segment de l'abdomen revêtu de poils courts, dressés, cendrés; les autres segments en ont de noirs, très-courts, plus longs sur le 5e et à l'anus, où ils sont légèrement lavés de ferrugineux. Bord des 1er, 2e, 3e, 4e segments portant une petite bande de poils blancs, couchés, à peine apparente sur le premier. Pattes ferrugineuses, hérissées de poils noirs lavés de ferrugineux. Tarses de cette couleur.

♂ *Femoribus posticis crassis, tuberculatis.*

♂ Entièrement semblable à la femelle. 6e segment ayant comme les précédents une bande de poils blancs. Pattes moins velues. Cuisses postérieures renflées, surmontées sur le bord externe par une apophyse mousse, peu saillante.

Mexique.   Collection Sichel, Dours.

Var. ♀ ♂ Facie albido-pilosâ; fasciis flavidis.

10

N° 80.   ANTHOPHORA MARGINATA.

Smith, Cat., 339, 104.

Long. : — Corps 13 mm.; Ailes 9 mm.

♀ *Nigra; griseo-villosa; segmentis 1-4 flavo-marginatis. Alœ hyalinœ.*

♀ Noire. Chaperon et labre ponctués, le premier ayant sur son milieu une ligne saillante. Poils de la face gris, ceux du corselet en dessus cendrés, ceux du dessous plus pâles. 1er segment de l'abdomen hérissé de poils gris-cendrés; les autres segments, le 5e surtout, en ont de noirs. Bord inférieur des quatre premiers segments portant une bande jaune brillante, presque nue. En dessous et sur les côtés, les segments sont ciliés de poils gris. Poils du dessus des pattes gris, ferrugineux-noirs en dessous. Tarses ferrugineux. Ailes presque transparentes; côte, nervures, point calleux noirs.

♂ *Femoribus posticis crassis; tarsorum 1° articulo longiori, convoluto.*

♂ Semblable à la femelle, sauf le dessous du 1er article des antennes qui est de couleur éburnée, ainsi que le chaperon (deux lignes noires sur les côtés), le labre (deux points noirs en haut) et les mandibules (leur bout noir). 6e segment également bordé de jaune. Anus bi-spineux. Cuisses postérieures un peu renflées; 1er article des tarses allongé, un peu contourné.

Var. Abdomine cano-tomentoso.

Mexique.   Collection Sichel, Dours.

N° 81. ANTHOPHORA CINCTO-FEMORATA.

Sichel.

Long.: — Corps 9 mm. (sans la tête), Ailes 7 mm.

♂ *Niger ; minor ; thorace pedibusque argenteo pubescentibus. Abdomine nigro, forte punctato. Segmentis 3-6 cæruleo marginatis. Femoribus posticis crassis.*

♂ Noire, recouverte d'une pubescence argentée sur le thorax et les pattes. Abdomen noir, très-grossièrement ponctué. Segments fortement limités par une ligne saillante, revêtus de poils noirs, courts, épais sur les côtés et à l'anus, 3°, 4°, 5°, 6° portant une bande bleue tirant sur le vert. Cuisses, surtout les postérieures, renflées. (La tête manque sur l'individu de ma collection.) Ailes enfumées ; côte, point calleux, nervures noires.

Nouvelle-Hollande.   Collection Dours.

N° 82. ANTHOPHORA PYGMEA. Dours.

Long. : — Corps 7 mm.; Enverg. 17 mm.

♂ *Ferrugineus, albido-tomentosus ; femoribus posticis crassissimis, tuberculatis, tibiis posticis excavatis dente levi armatis. 1° tarsorum posticorum articulo externè uncinato.*

♂ Noire, avec une teinte générale ferrugineuse. Antennes de cette couleur. Chaperon noir, son bord inférieur jaune. Labre et mandibules jaunes, l'extrémité de ces dernières ferrugineuse. Poils de la face blancs, ceux du corselet en dessus cendrés-fauves. Tous les segments abdominaux et l'anus sont hérissés de petits poils cendrés, courts ; leur bord inférieur garni d'une bande de poils fauves, couchés, très-courts. Pattes ferrugineuses, couvertes de poils cendrés

très-courts. .Cuisses postérieures très-renflées, tuberculées à
leur partie interne. Jambes postérieures creusées en gouttière, armées au bord interne d'une petite dent mousse.
1er article des tarses postérieurs long, dilaté à la base, où il
forme un crochet saillant sur le bord interne. 2e, 3e, 4e articles de ces tarses très-courts, 5e article très-long, grêle,
terminé par deux petites épines noires. Ailes transparentes.
Nervures, côte ferrugineuses. Point calleux testacé.

Mexique.   Collection Dours.

N° 83.   ANTHOPHORA PILIPES.

Lep. Saint-Fargeau, T. 2. n° 31.

APIS PILIPES, Fab., Ent. Syst., 11, 326, ♂.

MEGILLA PILIPES, F., Syst. Piez, p. 329, 6.

Nylander, Rev., p. 266, 3, ♀.

ANTHOPHORA HIRSUTA, Lat., Gen. Crust. et Ins., T. 4, p. 175.

Evers., Faune, p. 109, 4.

Long.. — Corps 15 mm.; Ailes 12 mm.

♀ *Media, nigra, thorace segmentisque abdominalibus 1, 2
suprà rufo-pilosis, 2, 3 suprà pallide rufo-ciliatis, ventralibus
cinereo parum nigro-ciliatis, scopâ rufâ.*

♂ *Ore flavo, nigro picto, scapo subtùs flavo, tarsi intermedii
postice pilis longis nigris fasciculati, primus quintusque depresso
dilatati, pilis nigris flabellato-penicillati.*

*Maris typici subvarietas. Clipei baseos præterèa maculis
nigris duabus* (Anglia).

♀ Noire. Poils du labre et des mandibules roux. Ceux
de la tête, de la partie antérieure du corselet noirs. Thorax
en dessus hérissé de poils roux, en dessous de cendrés,

quelquefois mais rarement noirâtres. 1er, 2e segments de l'abdomen hérissés de poils roux, les suivants de noirs ; ceux de l'anus roussâtres. Bord postérieur des 3e et 4e segments garni de cils cendrés, moins apparents au 1er segment. Côtés de l'abdomen ayant des cils cendrés. En dessous, les bords des segments sont garnis de poils roux, rarement noirâtres. Poils des pattes roux en dessus, surtout aux postérieures, où ils sont ferrugineux et épais. Ces poils sont noirs en dessous, excepté au 1er article des tarses, où ils redeviennent ferrugineux-brun. Ailes limpides. Côte, nervures noirâtres ou noires.

Commune partout.

Var. 1. Rufa. Tous les segments abdominaux hérissés de poils roux.

Amiens.

Var. 2. Segments abdominaux 1, 2, 3 hérissés de poils roux ♀ ♂.

Amiens.

Var. 3. Segments abdominaux hérissés de poils cendrés, tirant à peine sur le roux (Var. squalens) ♀ ♂.

Amiens.

Var. 4. *Anthophora capillipes*, Sichel ♀ ♂. Duplo minor. An subvarietas varietatis n° 1? Duplo minor, nigra, rufo hirta. (Bar.)

Le mâle n'a pas de point blanc à la base des mandibules.

Collection du Dr Cartereau.

♂ Lep.

Apis retusa, Kirby, Mon. Ap. Angl., T. 2, p. 296, n° 69.

♂ 1er article des antennes en dessous blanc-jaunâtre. Chaperon de cette couleur, son bord inférieur, une tache, parfois une longue bande de chaque côté noirs. Labre blanc-

jaunâtre, avec une tache noire au côté externe de sa base.
Joues blanc-jaunâtre, un point de cette couleur à la base
des mandibules, qui sont noires. Poils de la face blancs,
ceux du sommet de la tête roux mêlés de noirs; ceux du
corselet roux, en dessous blancs. 1er, 2e segments abdominaux hérissés, roux; les autres segments garnis de poils
noirs. Quelques poils plus pâles indiquent comme dans la
femelle le bord des 2e et 3e segments. Poils des pattes antérieures d'un roux pâle, des intermédiaires roux, ainsi que
ceux du dessus des cuisses et des jambes; ces poils sont
bruns en dessous. 1er article des tarses intermédiaires dilaté,
aplati, avec quelques poils blancs à la base et des cils noirs
sur les tranches, ces cils serrés et courts sur la partie antérieure, clairs et très-longs sur la partie postérieure. 2e, 3e,
4e articles très-longuement ciliés de poils noirs. 5e article
garni d'un pinceau de poils noirs. Poils des pattes postérieures noirs, excepté sur la tranche postérieure, où ils
sont blancs. Dessous du 1er article des tarses postérieurs
ferrugineux,

Au premier printemps sur toutes les labiées.

Le mâle, avant l'accouplement, vole autour de la femelle. « Feminæ
assiduus comes, quam dum nectar florum sugit, lætus circum
volat. » Kirby, T. 2, p. 298.

Evers., Fn., p. 110, Fas. 3, n° 4, dit., ♂. « Mandibulæ nigræ,
rariùs puncto minuto flavo-signatæ. » C'est le contraire dans les
nombreux mâles provenant de France, Corse, Alger, Corfou. Un
seul mâle sans point blanc à la base des mandibules.

                                        (Amiens.)

TABLEAU

DES

VARIÉTÉS DE L'ANTHOPHORA PILIPES, F.

d'après M. le Dr Sichel.

♀ ♂ Varietas typica vel α. Rufo-hirta, abdominis segmentis 3° et sequentibus nigris. .

Très-commune à Paris. Cette variété et la suivante offrent déjà souvent une teinte grisâtre des poils roux.

♀ ♂ Var. ϐ. Segmento 3°-4°que rufo vel rufescenti hirto.

Très-commune à Paris.

♀ ♂ Var. γ. Varietati typicæ conformis, at cinerescenti-hirta.

Très-commune à Paris. Le mâle de Sardaigne dans la collection de M. Saussure, à Genève.

♀ Var. δ. Conformis varietati γ, at segmentis 1-3 cinerescenti-hirtis.

Souvent on voit déjà des poils grisâtres sur le 4e segment, ce qui forme le passage à la variété suivante. Assez commune à Paris, mais beaucoup moins que les trois variétés précédentes. Le 3e segment est quelquefois noirâtre, ce qui constitue un passage qui ramène cette variété au type. De pareilles fluctuations sont fréquentes et nombreuses entre toutes les variétés de cette espèce, et entre les variétés des espèces de tous les genres en général, surtout quand il s'agit d'espèces riches en individus.

♀ Var. ε. Segmento 4°-5°que cinerco vel cinerescenti-hirto, interspersis interdùm pilis nigris (ut et interdùm in segmentis 1-3).

Souvent tous les poils tournent au roux, et le 5e segment seul reste noir, quelquefois même seulement au bout. Cette variété se trouve en Danemark, Piémont et France. Les individus de France sont ordinairement moins roux, un peu plus grisâtres. Cette variété semble avoir quelque analogie avec l'*A. vetula*, Evers., 1, 7. Le mâle de cette espèce n'existe pas à Paris, nous ne l'avons vu que de Naples et de Chypre.

♀ Var. ζ. **Thorax vel caput cum thorace plus vel minùs nigro-hirtum. Interdùm corpus quoque nigrescit.**

Cette variété, remarquable par la teinte brun-noirâtre ou noirâtre, surtout des poils du thorax, se trouve à Paris tantôt en individus isolés, tantôt en colonies entières formées seulement par des femelles. Je n'en ai vu qu'un seul mâle de Chypre, dont les poils noirâtres, d'une teinte moins foncée, occupaient en même temps tous les segments d'une manière égale, ce qui la ramenait à la variété précédente.

♀ Var. η. **Conformis varietati ζ, at thorace et scopâ rufis, segmentoque tertio subrufescenti.**

Un seul individu mâle de la collection de M. Drewsen, à Copenhague, sous le nom d'*A. cornuta. Germania.*

♀ ♂ Var. θ. **Tota cinerescens.**

Femelle de Lisbonne, mâle de Bordeaux. Collection Drewsen. Quelques mâles de différentes régions méridionales de France et d'Europe. Est-ce une subvariété de la variété ε ?

L'*A. pilipes* se trouve en grandes colonies dans toute l'Europe. Elle niche surtout dans les vieux murs, et aussi dans les terrains un peu secs. On la trouve depuis mars jusqu'au commencement de juillet.

N° 84. ANTHOPHORA DISPAR.

Saint-Fargeau, Hym., T. 2, p. 56, u° 30, ♀ ♂.

Lucas, Expl. Scient. Alg., 111, 146, 12, Tab. 1, fig. 8.

Long. : — Corps 14 mm.; Ailes 10 mm.

♀ *Nigra, cinerescenti-pilosa; abdominis segmentis 1° cinereo, 2° ad quintum nigro-pilosis. Segmentorum 1-4 fasciâ apicali pilorum alborum erectorum, primâ angustiori. Pedibus rufo-pilosis, scopâ aureo-rufâ. Alis sordidè hyalinis, tegulis rufo-piceis.*

♂ *Scapo subtùs, clipeo labroque fere totis, flavis. Abdominis segmentis 2-4 nigro-pilosis, non fasciatis. Tarsorum intermediorum articulis omnibus ciliatis, 1°-5°que flabellatis.*

(Sichel.)

♀ Noire. Poils de la tête plus ou moins cendrés; ceux du labre roux, ceux du vertex noirs. Poils du corselet en dessus cendrés ou roux, mêlés de noirs au milieu, en dessous blancs-roussâtres. 1ᵉʳ segment de l'abdomen hérissé de poils roux ou cendrés, formant au bord postérieur une bande plus étroite, moins apparente, plus intense au milieu qu'aux autres segments, et en général comme avortée. 2ᵉ, 3ᵉ, 4ᵉ segments portant des poils noirs, leur bord inférieur ayant une bande de poils hérissés, blancs. 5ᵉ segment orné de poils noirs, ses côtés fortement ciliés de blancs; poils du dessus de l'anus roux, rarement noirâtres. Dessous de l'abdomen cilié de poils ferrugineux. La brosse des pattes postérieures roux-dorée en dessus, noire en dessous. Les quatre derniers articles des tarses ferrugineux. Ailes limpides, avec une très-légère teinte brunâtre ou un peu sale. Ecaille couleur de poix ou rousse.

Algérie, Sicile, Naples, Toscane, Corse.

Collections Dours, Sichel, Saussure, Olivier, à Bône.

Var. 2. ♀ Poils du métathorax, des côtés du corselet, cils des segments abdominaux fauves. Très-rare.

Var. 3. Poils du métathorax et du 1er segment abdominal fauves. Rare.

Collection Sichel.

♂ Noire. 1er article des antennes en dessous, chaperon jaunes. Bord inférieur et côtés de ce dernier noirs. Labre jaune, sauf le bord inférieur et deux points sur les côtés de la base, qui sont noirs. Poils de la face blanc-sale, ceux du dessus du corselet plus cendrés, mêlés de roux sur les côtés, noirs au milieu; ils sont blancs en dessous. Poils du 1er et de la moitié du 2e segment de l'abdomen hérissés, cendrés, plus ou moins roux; ceux de la partie inférieure du 2e et ceux des autres segments noirs. Côtés des 5e et 6e blancs, ainsi que ceux du dessous de l'abdomen. Poils de l'anus noirs, mêlés de roux. Poils des pattes hérissés, blanchâtres, surtout sur la tranche postérieure. Les cinq articles des tarses intermédiaires ciliés, le 1er et le 5e aplatis, garnis de poils blancs et noirs. 1er article des tarses postérieurs épais, portant des poils noirs aux deux tiers supérieurs, le tiers inférieur est orné de poils blancs, ainsi que les trois articles suivants.

Var. 2. ♂ Semblable à la variété 2 ♀. Très-rare.

Collection Dours.

Var. 3. ♂ 6e segment abdominal hérissé de poils blancs. Poils du corselet et du 1er segment très-roux. Rare.

Bône (Algérie), Corse.   Collection Sichel.

Var. 4. ♂ Poils du mésothorax en majorité noirâtres.

Bône.   Collection Sichel.

Nᵒ 85. ANTHOPHORA NIGRO-CINCTULA. Sichel.

Long. : — Corps 14 mm. ; Ailes 11 mm.

♀ *Nigra, cinerescenti-pilosa; abdominis segmentis 1-2 cinereo, 3ᵒ ad quintum nigro-pilosis. Segmentorum 1-4 fasciâ apicali pilorum alborum erectorum, primâ angustiori. Pedibus anterioribus albo, intermediis nigro-ferrugineo-pilosis, scopâ aureo-rufâ. 1ᵒ tarsorum articulo nigro-hirto. Alis hyalinis.*

♀ D'un tiers plus petite que la précédente. Noire; poils de la face, du corselet en dessous blancs; ils sont en dessus cendrés-roussâtres, mêlés de noirs, rares. 1ᵉʳ, 2ᵉ segments de l'abdomen hérissés de poils cendrés, plus longs au 1ᵉʳ segment. 3ᵉ, 4ᵉ segments munis de poils noirs. Bord inférieur de tous les segments ciliés de poils plus ou moins cendrés, moins marqués dans le premier, poils des côtés blancs; ceux de l'anus cendrés-roussâtres, ainsi que ceux du dessous de l'abdomen. Pattes antérieures ayant des poils cendrés en dessus. Jambes postérieures ornées d'une magnifique *brosse ferrugineuse*. En dessous, les pattes sont noires, ainsi que tous les articles des tarses postérieurs en dessus et en dessous. Ailes diaphanes. Côte et nervures brunes.

Mâle inconnu.

Algérie, France.　　　　　　　　Collection Sichel, Dours

Var. 1. Poils du métathorax, des côtés du corselet, du 1ᵉʳ segment abdominal roux-cendrés.

Nᵒ 86. ANTHOPHORA RUTILANS. Dours.

Long. : — Corps 17 mm.; Ailes 12 mm.

♂ *Magna, nigra, rufo-villosa. Tarsis intermediis, pilis rufis ciliatis, 1ᵒ longioribus, hocque articulo nigro-penicillato. Alis sordidè hyalinis.*

♂ 1ᵉʳ article des antennes en dessous jaune, ainsi que le chaperon et le labre, à l'exception de deux points à la partie supérieure, qui sont noirs. Poils de la tête, du corselet, des deux premiers segments abdominaux et des pattes d'un ferrugineux brillant. 3ᵉ, 4ᵉ, 5ᵉ, 6ᵉ segments abdominaux hérissés de poils noirs. Articles des tarses intermédiaires garnis de poils longs, ferrugineux, surtout au premier, qui porte en outre sur son bord externe un pinceau aplati de poils noirs. Ailes un peu enfumées.

Chypre: Collection Sichel, Dours.

Nᵒ 87. ANTHOPHORA PYRALITARSIS. Dours.

Long. : — Corps 15 mm ; Ailes 12 mm.

♂ *Nigra, fulvo-cinereo-villosa. Metatarsis intermediis ferrugineo, 1ᵒ, 5ᵒ nigro-penicillato-ciliatis. Alis sordide hyalinis.*

♂ Noire. 1ᵉʳ article des tarses en dessous jaune. Chaperon de cette couleur, son bord inférieur, ses côtés, deux larges taches au sommet noirs. Labre jaune, sauf deux petits points noirs à sa base. Mandibules noires. Poils de la face et du dessous du corselet cendrés-blancs. Corselet en dessus, 1ᵉʳ segment de l'abdomen hérissés de poils d'un roux sale; les autres segments recouverts de poils noirs. Poils des pattes cendrés-noirâtres. Tarses des pattes intermédiaires ferrugineux, ciliés de poils de cette couleur au 2ᵉ, 3ᵉ, 4ᵉ articles, de noirs au 1ᵉʳ et au 5ᵉ, formant sur ce dernier un petit pinceau. Ailes un peu enfumées. Point calleux, côte et nervures noirs.

Femelle inconnue.

New-York.   Collection Dours.

N° 88. ANTHOPHORA PENNATA.

Lep. Saint-Fargeau, T. 2, n° 32.

A. NIGRO-FULVA, Lep., T. 2, n° 55.

Long. : — Corps 15 mm.; Ailes 10 mm.

♀ *Nigra, ferrugineo-villosa, capitis thoracisque pilis nigris intermixtis. Alis sordidè hyalinis.*

♀ Noire. Poils de la face, du dessus de la tête ferrugineux, mêlés de noirs, ceux du labre et des mandibules roux; ceux du dessus du corselet et des côtés ferrugineux. En dessous, les poils sont plus ou moins blancs ou noirâtres. Tous les segments de l'abdomen en dessus hérissés, roux, bruns en dessous. Les bords postérieurs des segments à peine visibles, ciliés de poils plus pâles. Poils des pattes antérieures roux pâles, ferrugineux sur le dessus des pattes postérieures. Le dessous de toutes les pattes est garni de poils noirs. Ailes un peu enfumées. Côte, nervures noires.

♂ *Tarsorum intermediorum 1°-5°que articulis nigro-penicillatis.*

♂ 1er article des antennes en dessous blanc-jaunâtre. Chaperon de cette couleur; son bord inférieur, ses côtés, deux points au sommet, noirs. Labre blanc-jaunâtre, avec deux petits points noirs à sa base. Joues blanches jaunâtres. Mandibules noires dans le type, ornées d'un point blanc à leur base dans la variété. Poils de la face et du dessous du corselet, des côtés de l'abdomen en dessous, blancs. Corselet en dessus et sur les côtés hérissés de poils ferrugineux mêlés de noirs. Tous les segments abdominaux hérissés de poils ferrugineux. Poils des pattes antérieures blancs. 1er article des tarses intermediaires dilaté, aplati, avec quelques poils blancs à sa base, et des cils noirs sur les tranches, serrés et courts sur l'antérieure, plus clairs et très-longs sur la postérieure 2e, 3e, 4e articles ciliés postérieurement de longs poils noirs. 5e article orné d'un pinceau de poils noirs. Poils des pattes postérieures en dessus et en dessous noirs, excepté ceux de la tranche postérieure des jambes, qui sont cendrés.

Algérie, Corfou, Syra, etc.　　　　　　　　Collection Sichel, Dours

Variété 1. Les mandibules chez le mâle ont à leur base un point blanc-jaunâtre.

Var. 2. *A. nigro-fulva*, Lep., T. 2, 55, ne diffère du type que par les poils noirs plus nombreux de la tête et de la partie antérieure du corselet.

Note. L'*A. pennata*, Lep., femelle, est très-difficile à distinguer de l'*A. ferruginea*, Lep., 45, quand on ne prend pas les deux sexes ensemble. L'*A. pennata* a, comme le dit Lep., les poils de l'abdomen hérissés; mais parmi nos *ferruginea* femelles prises avec les mâles à Malaga et à Oran, il y en a dont les poils de l'abdomen sont plus ou moins couchés. Parmi les nombreux *pennata* femelles et mâles envoyés de Bône par M. Olivier, il s'est trouvé un seul mâle de *ferruginea* qui n'avait pas les poils plus sensiblement couchés que *pennata* mâle. La couleur des poils de la tête et de l'abdomen varie à peu près de même (?) chez les deux espèces. L'*A. ferruginea* présente à Malaga une variété nombreuse en individus, dont les poils sont plus pâles et plus couchés.

Nº 89. ANTHOPHORA HISPANICA. Fab. ♀ ♂.

APIS HISPANICA ♂, Fab., Ent. Syst., 318, 17.

Nec Panz., Fn., 55, 6, ad *A. retusam* ♂. L., nobis pertinens.

MEGILLA HISPANICA, Fab., Syst. Piez, 328, 1.

Illig., Mag. V, 139, 13, excluso *Apidis palmipedis* ♂ Rossi synonymo, ad *A. retusam* ♂. L., spectante.

ANTHOPHORA HISPANICA, Lep., T. 2, 55, 29.

Lucas, Alg., 111, 146, 11.

Nec Evers., Fn., 108, 3, ad æstivalem pertinens.

Smith, Cat. 11, 328, 41.

♀ **1**, ♂ **2.** Oran.   Collection Sichel.

♂ Bône, Ponteba (Algérie), Espagne, Portugal.   Collection Sichel, Dours.

♀ Var.? *Minor, brevior, latior. Thoracis abdominisque baseos cinerescenti-hirto. Forsan alia species.*

Dalmatie.   Collection Sichel.

♂ Var. *Pilis non ferrugineis sed rubro-ferrugineis.*

Algérie.   Collection Lucas.

♀ Long.: — Corps 18 mm.; Ailes 15 mm.

Magna, nigra, nigro-hirta; thoracis baseosque abdominis dorso rufo vel ferrugineo-hirto. ♀ *scopâ tibiali nigrâ, pilis ferrugineis mixtâ.* ♂ *tarsorum intermediorum extùs fasciculo pilorum nigrorum subsemilunari, cochleariformi, suprà convexiusculo.*

♀ Noire. Poils de la tête noirs, surtout à la partie posté-rieure; quelques poils roux sur la face. Corselet en dessus et sur les côtés couvert de poils tantôt roux, tantôt ferrugi-neux-noirs en dessous. 1er, 2e segments de l'abdomen hérissés de poils de cette couleur; 3e, 4e, 5e segments portant des poils noirs, un peu ferrugineux sur les côtés. Poils des pattes noirs, brosse noire avec des reflets ferrugineux. Quatre derniers articles des tarses bruns ferrugineux. Ailes un peu enfumées. Côte, nervures et point calleux bruns.

♂ Long : — Corps 24 mm ; Ailes 15 mm.

♂ 1er article des antennes en dessous, chaperon, labre jaunes. Deux points noirs à la partie supérieure du chaperon et du labre. Poils de la face blanchâtres, ceux du vertex et de la partie postérieure de la tête, noirs. Corselet et les deux premiers segments abdominaux, en dessus, couverts de poils tantôt roux-cendrés, tantôt très-ferrugineux, surtout sur les côtés, noirs en dessous. 3e, 4e, 5e, 6e segments noirs, garnis de quelques poils blanchâtres sur les côtés. Pattes noires, à l'exception des tarses, qui sont ferrugineux. Cuisses intermédiaires garnies de longs poils noirs. Les quatre premiers articles des tarses intermédiaires portent sur la tranche extérieure une magnifique touffe de poils noirs en éventail, bombée en dessus en forme de coquille et allant en décroissant du premier au quatrième.

N° 90. ANTHOPHORA RYPARA (1). Dours.

♀ *Magna, nigra, cinereo vel fulvo-hirsuta. Thoracis baseosque abdominis dorso cinereo vel fulvo-hirtis. Segmentorum 2, 3, 4 fasciâ albido-griseâ. Ano, scopâque tibiali ferrugineâ. Alis sordidè hyalinis.*

Long. : — Corps 20 mm.; Ailes 14 mm.

♀ Noire. Chaperon ponctué. Poils de la face fauves cendrés, mêlés de noirs sur le vertex, de ferrugineux à la base du chaperon et des mandibules, qui sont de cette

(1) Ρυπαρος, sale.

couleur à la base et au sommet. Corselet en dessus et sur
les côtés hérissé de poils fauves, un peu plus pâles en
dessous. 1er segment de l'abdomen hérissé de poils fauves;
les autres segments en ayant de plus pâles, de plus courts,
surtout sur les côtés et en dessous, où ils sont tout-à-fait
d'un blanc sale. Anus garni de poils ferrugineux. Pattes
hérissées de poils d'un ferrugineux noirâtre. Brosse toute
ferrugineuse. 1er article des tarses postérieurs noir, les
autres ferrugineux. Ailes enfumées. Côte, nervures noires.

Mâle inconnu.

Très-voisine de la précédente.

Afrique.   Collection Dours.

N° 91.   ANTHOPHORA PERSONATA.

Illig. Mag., V, 22.

Ill. Wattl., Reise, p. 209.

Evers., Faune, p. 107, n° 1, ♀ ♂.

ANTHOPHORA FULVITARSIS, Lep., T. 2, p. 62, n° 34, ♀ ♂.

A. FULVITARSIS, Brullé, Voy. en Morée, p. 329, n° 335, ♀ ♂.

A. NASUTA, Lep., T. 2, p. 66, n° 36.

A. EPHIPPIUM, Lep., T. 2, 67, 37, ♀ ♂?

A. AFFINIS, Lep., T. 2, 61, 33. — Brullé, Voy. en Morée, 736.

A. SCOPIPES, Klug, Symb. Phys., Déc. V, Tab. 49, fig. 1 ♂, 2 ♀?

Long.: — Corps 20 mm.; Enverg 34 mm.

♀ *Cano-hirsutâ, abdominis segmentis cano-ciliatis, cingulatis; clypeo flavo, sarothro fulvo.*

♀ Noire. Mandibules noires. Chaperon et labre jaunes,

11

sauf deux taches plus ou moins grandes à la partie supérieure du premier et deux points sur les côtés du second,
qui sont noirs. Corselet en dessus et en dessous, 1er, 2e segments de l'abdomen recouverts de poils d'un blanc sale,
mêlés de roux. 3e, 4e, 5e segments hérissés de poils noirs
beaucoup moins denses. Bord inférieur des 1er, 2e, 3e, 4e
segments portant une bande de poils blancs, peu distincte
sur le premier, plus ou moins large sur les autres. Bord
inférieur du 5e segment et anus hérissés de poils ferrugineux. En dessous, les segments ont des cils blancs sur les
côtés, ferrugineux au milieu. Poils des pattes roux, mêlés
de blancs sur les antérieures. Ailes un peu enfumées. Nervures, côte ferrugineuses tirant sur le noir.

Algérie, Grèce, Espagne, Corse, France, Amiens, d'où je l'ai souvent obtenue
par éclosion.   Collection Sichel, Dours.

Nota. L'*Anthophora nasuta*, Lep., est une espèce méridionale
qui ne se distingue du type que par sa robe ferrugineuse. Les
nombreux individus de ma collection, provenant de l'Algérie, de
la Grèce, de Montpellier, des environs de Paris, d'Amiens, présentent les diverses nuances de la pubescence qui, chez les premiers, est foncièrement ferrugineuse, gris-fauve chez les derniers.

VAR. *a*.   ANTHOPHORA EURIS. Dours.

Face entièrement noire, sauf deux petits points jaunes
situés, le premier sur la partie inférieure et médiane du
chaperon, le deuxième sur la partie supérieure et médiane
du labre.

Dans cette variété, les cils blancs qui bordent les segments
abdominaux sont plus larges que dans le type.

Algérie, Grèce.   Collection Sichel, Dours

Subvar. *a*. Pas de tache jaune sur le chaperon. Un très-petit point sur le milieu du labre, en haut.

Subvar. *b*. Face noire immaculée.

A. AFFINIS, Lep. T. 2, , 61, 33. Brullé, Voy. en Morée, 736.

♂ *Tarsis intermediis nigro-penicillatis, penicillis distichis.*

♂ Noire. Dessous du 1er article des antennes, face, base des mandibules jaunes. Deux petits points noirs sur les côtés du labre, celui-ci séparé du chaperon par une ligne noire. Entièrement recouverte de poils cendrés, mêlés de roux sur les côtés. Bande du 1er segment peu apparente, celle des autres segments cendrée, brillante chez les individus nouvellement éclos. Poils des pattes d'un roux pâle. 1er article des tarses intermédiaires dilaté, aplati, cilié sur ses deux tranches de poils noirs et ferrugineux, ceux-ci plus longs s'étendant aussi sur les 2e, 3e, 4e articles. 5e article orné d'un pinceau de poils noirs.

Collection Sichel, Dours.

NOTA. La robe du mâle provenant de l'Algérie ne varie pas autant que celle de la femelle.

Var. *b*. *A. squalens*. Uniformément recouverte de poils d'un roux sale. Bande des segments abdominaux formée de cils de cette couleur, mais plus pâles.

Obtenue d'éclosion en mai 1866.

Amiens.   Collection Dours.

NOTE. ♀ ♂ Variant clipeo plus minus vel flavo, vel nigro-picto, segmentis abdominalibus nigris vel plus minus rufescentibus, tarsorum epidermide plus vel minus rufà. Feminæ tibiarum posticarum scopà fulvo vel interdùm albido-subargenteo-pilosà.

168   MONOGRAPHIE DES ANTHOPHORA.

A. affinis, Lep., 33, est varietas *Algiriensis*, capite thoraceque magis rufescentibus, abdomine magis nigrescenti.

A. ephippium, Lep., n° 67, 37?

A. scopipes, Klug, forsan est varietas, fusco-rufescens, abdomine magis nigro, minùs albido-ciliato.

A. personata, ♀ ♂, in Asià occidentali (Persià, Asià minori?) frequens.   (SICHÈL.)

N° 92.   ANTHOPHORA ARIETINA. Dours.

Long. : — Corps 20 mm ; Enverg. 34 mm.

♂ *Niger, fulvo-tomentosus; facie flavâ, immaculatâ, abdominis segmentis 1-2 fulvo-hirtis, reliquis nigris; fasciis 2-6, sordidè albo-ciliatis. Tarsorum intermediorum articulo primo fulvo-fasciculato, ultimo nigro-penicillato. Alæ hyalinæ.*

♂ Noire. Chaperon très-bombé; devant du 1er article des antennes, face, mandibules (le bout noir) jaunes, cette couleur tourne souvent au rouge. Bord inférieur du chaperon, deux lignes suturales, deux points noirs sur les côtés du labre, en haut, noirs. Poils de la face, surtout ceux du labre, blancs. Poils du vertex, du corselet fauves, mêlés de noirs sur le disque, un peu plus foncés sur les côtés. 1er, 2e segments de l'abdomen hérissés de poils fauves dressés, 3e, 4e, 5e, 6e en ont de noirs, courts, rares. Bord des segments 1-6 ciliés de poils d'un blanc sale, s'étendant sur les côtés et en dessous. Poils des pattes fauves; 1er article des tarses intermédiaires un peu aplati, orné d'un faisceau de poils fauves, mêlés de noirs; dernier article des tarses de cette paire garni d'un pinceau de poils noirs. Ailes transparentes. Nervures, côte noires, quelquefois ferrugineuses.

Algérie.   Collection Dours.

Ce n'est bien certainement qu'une remarquable variété de l'*A. personata*.

N° 93.   ANTHOPHORA INTERMEDIA.

Lep., T. 2, p. 64, n° 35, ♀.

A. ZONATA, Brullé, Voy. en Morée, p. 331, n°737, fig. 3, Tab. 48.

A. HISPANICA, Evers., Faune, p. 108, n° 3.

A. INTERRUPTA, L. Duf., in litteris, 3231.

MEGILLA HISPANICA, Fab., Piez, 3281.

    —   Illig., 13, ♂.

APIS ÆSTIVALIS, Panz., Fn., 81, 21.

    —   Illig., 24, ♀.

Long. : — Corps 17 mm.; Enverg. 22 mm.

♀ *Nigra, griseo aut fulvescenti hirsuta. Thorace nigro fasciato; abdominis segmentis 2-4 albo vel cinereo, vel fulvescenti ciliatis. Pedibus externe albido, vel ferrugineo-pilosis.*

♀ Noire. Poils de la face, du corselet en dessus, des deux premiers segments de l'abdomen roux. Une bande de poils noirs derrière les ocelles et sur le milieu du corselet, entre les deux ailes. 3e, 4e, 5e segments noirs. Bord inférieur des 2e, 3e, 4e portant une bande de poils plus ou moins blanchâtres, parfois interrompue par usure chez les vieux sujets. Bord inférieur du 5e segment et anus garnis de poils roux-ferrugineux. Poils des pattes roux en dessus, noirs en dessous. 1er article des tarses postérieurs en dessous ferrugineux-clair.

Algérie, France, Amiens.   Collection Sichel, Dours.

L'espèce décrite par Eversmann sous le nom d'*A. Hispanica, æstivalis* Pz., ne diffère du type de Lepelletier que par la pubescence du corps un peu plus pâle, souvent cendrée, et par la brosse formée de poils entièrement ferrugineux.

La variété nommée, par M. L. Dufour, *interrupta*, est tout-à-fait semblable au type. Les bandes des segments sont seulement interrompues au milieu.

Long. : — Corps 14 mm.; Enverg. 22 mm.

♂ *Labro et hypostomate flavis; maculis duabus nigris clypei. Thorace fulvo aut griseo hirsuto; abdominis 1-2 segmentis fulvo aut griseo-hirsutis, reliquis nigris, apice nigro. Tarsis intermediis nigro fasciculatis.*

♂ Noire. Dessous du 1er article des antennes, chaperon, labre jaunes. Deux grandes taches sur le milieu du chaperon, deux points sur les côtés du labre, noirs. Mandibules noires. Poils de la face blanchâtres, ceux du corselet roux; une bande noire entre les ailes, moins distincte que chez la femelle. 1er, 2e segments abdominaux hérissés de poils roux plus ou moins ferrugineux, suivant l'âge. 3e, 4e, 5e, 6e segments hérissés de poils noirs. Les bandes marginales de poils blancs ou roux des segments abdominaux très-rétrécies, parfois peu apparentes, si ce n'est sur les côtés. Poils des pattes ferrugineux chez les individus nouvellement éclos, blanc-sales chez ceux qui sont plus âgés. 1er article des tarses intermédiaires dilaté, aplati, portant un pinceau de poils noirs, festonné sur la tranche externe par des poils grisâtres plus longs. 5e article un peu renflé, garni de quelques poils noirs, courts.

Grèce, Algérie, France.   Collection Sichel, Dours.

N° 94. ANTHOPHORA QUADRI STRIGATA. Sichel.

Long : — Corps 13 mm.; Ailes 10 mm.

♀ *Nigra, rufo-cinereo-villosa. Abdomine albo-tomentoso, fasciis pilis albis longe ciliatis; ano nigro. Pedibus nigris fulvo-hirsutis; scopâ aureâ. Alis hyalinis.*

♀ Noire. Chaperon finement ponctué. Poils de la face cendrés, ceux du labre roux. Mandibules un peu ferrugineuses. Corselet en dessus hérissé de poils cendrés, mêlés de noirs sur le milieu, de roux sur les côtés, de blancs en dessous. 1er segment de l'abdomen recouvert de poils cendrés mêlés de roux, longs, dressés; les 2e, 3e, 4e en ont de semblables, mais très-courts, pareils à des écailles. 5e segment et anus noirs, avec une teinte ferrugineuse. Bord de tous les segments orné d'une bande de cils blanchâtres, couchés, très-étroite sur le premier. En dessous et sur les côtés, les poils sont plus longs, blanchâtres. Poils des pattes cendrés, un peu roux. Brosse d'un beau ferrugineux-doré. Tarses de cette couleur, le 1er article portant dans sa moitié inférieure une touffe de poils noirs. Ailes transparentes. Côte, nervures brunes.

Malaga, Algérie (Oran).

♂ *Similis. 1o-5o tarsorum intermediorum longe penicillatis. Pedibus extùs albo-hirsutis.*

♂ Semblable à la femelle, à l'exception : dessous du 1er article des antennes jaune; face de cette couleur, sauf deux points noirs sur les côtés du chaperon et deux autres sur les côtés du labre. Pubescence plus cendrée que dans la femelle. 1er, 3e articles des tarses intermédiaires garnis d'un pinceau de poils noirs.

Envoyé par M. le Dr Sorel.

Algérie (Orléansville). Collection Dours.

No 95. ANTHOPHORA RUBRICRUS Dours.

Long. : — Corps 15 mm.; Enverg. 20 mm.

♀ *Atra, atro-hirsuta, thorace abdominisque 1-2 segmentis albido vel cinereo-hirsutis. Sarothro fulvo.*

♀ Noire. Poils de la face, du corselet en dessus et en dessous d'un gris-cendré sale, plus blancs sur les côtés. 1er, 2e segments de l'abdomen hérissés de poils gris-cendrés; les autres segments noirs. Poils des pattes noirs mêlés de ferrugineux. Brosse formée de poils fauves, presque ferrugineux. Ailes transparentes. Nervures, côte, point calleux noirs.

Grèce,   Collection Sichel, Dours.

♂ *Facie flavâ; tarsorum intermediorum 1° articulo nigro-fasciculato, ultimo nigro-penicillato.*

♂ Noire. Dessous du 1er article des antennes, une tache près des yeux, une large plaque sur la partie antérieure du chaperon , jaunes. Labre de cette couleur. Mandibules noires. Poils de la face, du corselet en dessus et en dessous, ceux des deux premiers segments abdominaux gris-sale. Poils des autres segments hérissés, noirs. Poils des pattes noirs mêlés de gris. 1er et 5e articles des tarses intermédiaires garnis d'un pinceau de poils noirs, courts, serrés sur le 5e; longs, rares sur le 1er article, où ils affectent la forme de longs cils cendrés. Ailes transparentes. Point calleux, côte, nervures noirs.

Grèce (Syra).   Collection Dours.

N° 96.   ANTHOPHORA RETUSA.

♂ Lep., T. 2, p. 69, n° 38.

Encycl. Méth., T. 10, p. 798, n° 2.

ANTHOPHORA ACERVORUM, ♀ ♂. Latr., Gen. Crus. et Ins., T. 4, p. 196.

APIS RETUSA, L., Fau. Suec., p. 420. Syst. Nat., 1, 954, 8.

MEGILLA RETUSA, Nyl., Rev. Ap. Bor., p. 265, 2.

Long. : — Corps 15 à 18 mm.; Enverg. 50 à 52 mm.

♀ *Atra, hirsuta; tibiarum posticarum scopâ fulvo-aureâ.*

♀ Noire. Chaperon ponctué. Poils du labre ferrugineux,
ceux de la tête, du corselet en dessus noirs. En dessous et
sur les côtés du corselet, ils sont lavés de ferrugineux. Abdomen très-finement ponctué, 1er segment hérissé de poils
noirs, longs; 2e, 3e, 4e, 5e ayant quelques poils noirs très-
courts. Bord de tous les segments portant une bande de
poils couchés, noirs-ferrugineux, très-étroite au 1er, plus
brillante au 3e. Anus ferrugineux. En dessous et sur les
côtés, les poils sont ferrugineux-noirs. Pattes ferrugineuses,
avec des poils noirs sur les deux premières. Poils des pattes
postérieures en dessus et en dessous d'un beau ferrugineux
doré Ailes enfumées. Côte, nervures noires.

Les individus provenant des îles de l'Archipel ont la brosse
presque entièrement noire, à peine lavée de ferrugineux.

♂ Lep., T. 2, p. 70, n° 38.

Apis Haworthana, Kirby, Mon. Ap. Angl., 11, 307, 70.

Long. : — Corps 14 à 16 mm ; Enverg. 25 à 28 mm.

♂ *Ater, atro-fulvo-hirsutus. Pedibus intermediis elongatis
crinito-pectinatis.*

♂ Noire. Dessous du 1er article des antennes, chaperon,
joues, labre jaunes. Deux larges taches, quelquefois réunies,
à la base du chaperon; deux petits points de chaque côté
du labre, noirs. Poils de la face cendrés, ceux du labre
blancs; ceux du vertex, du corselet en dessus roux, blancs
en dessous. Quelques poils noirs sur le milieu du corselet.
1er, 2e segments de l'abdomen hérissés de poils roux, longs
sur le 1er, plus courts, moins denses chez le 2e, 3e, 4e, 5e, 6e
segments revêtus de poils noirs, rares, mêlés de cendrés ou
de roux. Base de chaque segment frangée de cils plus pâles.

Anus ferrugineux Cils de l'abdomen en dessous et sur les côtés cendrés. Poils des pattes antérieures d'un blanc sale. 1er article des tarses intermédiaires dilaté, aplati, garni de longs cils noirs en dedans et en dehors, blancs aux extrémités; 2e, 3e, 4e articles testacés, ayant quelques poils blancs très-courts. 5e article orné d'un pinceau de poils noirs. Poils des pattes postérieures roux au centre, blanchâtres sur la tranche extérieure. 1er article des tarses postérieurs noir, ferrugineux en dessous, blanc au bout Ailes plus transparentes que dans la femelle.

France, Algérie, Grèce.   Collection Sichel, Dours.

Nota. Chez les individus âgés, la pubescence, au lieu de présenter une couleur plus ou moins fauve, devient d'un blanc sale. Les éperons, comme dans la femelle, sont tantôt noirs, tantôt testacés.

N° 97.   ANTHOPHORA SENESCENS.

♀ Lep., T. 2, p. 71, n° 39.

A. 4-CINCTA, Evers.; Faune, p. 108, n° 2.

A. CRINIPES, Smith, Cat., pars 1, p. 324, n° 20.

Long.: — Corps 16 mm ; Enverg. 29 mm.

(La taille varie beaucoup, s'abaissant à plus d'un tiers.)

♀ *Nigra, subrufescente villosa; segmentorum fasciis sordidè albido, vel subrufescente ciliatis. Alis hyalinis*

♀ Noire. Poils de la face, du sorselet en dessus gris-roux, plus ou moins mêlés de noirs, roux sur les côtés, blancs en dessous. 1er segment de l'abdomen hérissé de poils roux mêlés de noirs; 2e, 3e, 4e, 5e segments revêtus de poils blanchâtres, courts, mêlés à des poils noirs plus longs. Base des 1er, 2e, 3e, 4e segments ciliée d'une bande de poils d'un blanc sale, cette bande peu apparente au 1er segment. Base du 5e et anus portant des poils roux. Côtés et dessous de l'abdomen garnis de poils gris plus ou moins blancs. Poils des pattes en dessus roussâtres, noirs en dessous. Ailes transparentes. Côte, nervures noires.

Algérie, Grèce, France, Italie.

Nota. La couleur de la robe varie beaucoup. Tantôt très-fauve (*crinipes*, Smith), presque ferrugineuse, cette teinte s'affaiblit pour ne présenter qu'une nuance d'un blanc sale.

Var. 1. Canescens, sarothro ferrugineo.
Algérie.

Var. 2. Ioïdea (Ἰοειδής, couleur de rouille).
Corfou

♂ Lep., T. 2, p. 72, n° 39.

♂ 1°-5°que articulo tarsorum intermediorum nigro-penicillatis.

♂ Noire. Dessous du 1er article des antennes, chaperon, joues, labre d'un blanc jaunâtre devenant rouge par la vieillesse. Le labre porte de chaque côté de la base deux gros points noirs. Mandibules noires, avec un point jaune à la base. Poils de la face et du corselet en dessous blancs, ceux du vertex et du corselet roux, mêlés de noirs. 1er segment de l'abdomen hérissé de poils roux, longs, les autres en ont de cendrés, courts, avec quelques noirs plus longs. Bord de tous les segments cilié de poils blancs, plus ou moins roux. Anus noir, bi-spineux. Poils des pattes blanc-sales. 1er article des tarses intermédiaires aplati, garni d'un pinceau de poils noirs. 2e, 3e, 4e articles ornés de quelques poils blancs, courts; le 5e article porte un pinceau de poils noirs.

Collection Sichel, Dours.

Nota. L'*Anthophora 4-cincta*, Evers., appartient bien certainement à notre *senescens*. C'est une variété à pubescence un peu plus blanche ou grisâtre. Dans la nombreuse série que je possède, on trouve des individus dont le *sarothrum* presque fauve devient par gradations successives blanc-sale. Les poils du corselet passent du roux au cendré en conservant sur le milieu une petite zone noire (*fascia media nigra* d'Evers.)

Le mâle est absolument identique à celui des vrais *senescens*.

Ces diverses transitions se rencontrent dans les environs d'Amiens.

Dans l'*A. crinipes* ♂, les tarses des pattes intermédiaires sont garnis de cils plus longs.

N° 98. ANTHOPHORA PUBESCENS.

Fab., Syst. Piez, p 377, 21.

Lep., T. 2, 54; 28, ♀.

ANTHOPHORA FLABELLIFERA, Lep., T. 2, 40, 28, ♂.

ANTHOPHORA SQUALIDA, Lep., T. 2, 53, 27.

MEGILLA SELADONIA, Fab., Syst. Piez., p. 334, n° 28.

Long.: — Corps 12 mm.; Ailes 7 mm.

♀ ♂ *Parva, nigra, rufescenti, cinerescenti-hirta; clipeo labroque ♀ eburneo-lineatis, ♂ eburneis, nigro-maculatis, mandibulis nigris. Abdominis segmentorum 1-4 fasciâ tomentoso-cinereo-albidâ; segmentis 2° ad 4 ♀ densissime, ♂ sparse cinereo-albido squammulosis. Ano ♀ rufo vel nigro-piloso.*

♀ Noire. Chaperon et labre très-ponctués, le premier portant vers son milieu une ligne perpendiculaire aboutissant par ses deux extrémités à deux petites lignes transversales, de couleur nacrée ou sulfureuse. Un point de cette

couleur sur le milieu du labre. Milieu des mandibules ferrugineux. Poils de la face, de la tête, du corselet en dessus,
cendrés, plus ou moins roussâtres, mêlés de noir sur le
vertex et entre les ailes. 1er segment de l'abdomen hérissé
de poils cendrés-roux; les autres segments noirs, recouverts
de petits poils très-serrés, de couleur cendrée semblable à
des écailles de papillon. Bord inférieur de tous les segments
ciliés de poils roux ou blanc-salé. Anus ayant quelques
poils noirs; ceux des côtés et du dessous de l'abdomen
cendrés. Poils des pattes roux-blanchâtre. Tarses ferrugineux. Ailes à peine enfumées. Point calleux, côte et nervures
bruns.

♂ *Tarsorum intermediorum articulis 1 ad 5 piloso-penicil-
latis. 1º posticorum tarsorum dilatato dentè acuto externe
armato.*

♂ Noire. Dessous du 1er article des antennes de couleur
nacrée, ainsi que le chaperon et les joues. Bord inférieur et
côtés du chaperon noirs. Labre de couleur nacrée, à l'exception de deux taches noires arrondies, situées de chaque côté
de la base. Mandibules noires. Poils de la face, de la tête,
du corselet en dessus et sur les côtés recouvert de poils
cendrés, roussâtres. 1er segment de l'abdomen hérissé de
poils roux; les segments suivants, noirs, recouverts de poils
cendrés très-serrés, semblables à des écailles de papillon,
rares au deuxième. Bord inférieur de tous les segments cilié
de poils cendrés, peu visibles au premier. Anus échancré,
ses deux angles postérieurs formant chacun une petite dent.
Poils des pattes blancs. Tarses intermédiaires ayant leur
premier et dernier articles ciliés de chaque côté de poils
noirs mêlés de cendrés. 1er article des tarses postérieurs un

peu dilaté, portant sur le tranchant externe une petite dent, et garni de poils ferrugineux

France, Algérie, Corse.   Collection Sichel, Dours.

N° 99.   ANTHOPHORA VILLOSULA.

Smith, Cat., p. 338, n° 97.

Long. : — Corps 14 mm.

♂ *Niger; rufo-cinereo-villosus. Tibiis intermediis elongatis.* *1° et 5° tarsorum intermediorum nigro-rufo-penicillato-ciliatis.*

♂ Noire. Poils de la tête et du corselet blanchâtres, avec une teinte fauve. Dessous du 1er article des antennes, chaperon, labre et mandibules jaunes. Une large tache ronde, noire de chaque côté de la base du chaperon; deux points ferrugineux sur le labre et sur le sommet des mandibules. Abdomen hérissé de poils blanchâtres; bord de chaque segment portant une bande de poils un peu roux. Jambes intermédiaires allongées; 1er article des tarses épais, orné ainsi que le 5e d'un petit pinceau de poils roux, mêlés à des cils plus pâles et plus longs. Ailes transparentes. Côte, nervures, point calleux bruns

Nord de la Chine.   Ex Smith

(Je n'ai pas vu cette espèce.)

N° 100.   ANTHOPHORA VENTILABRIS.

Lep., T. 2, 72, 40, ♂

Long. : — Corps 19 à 20 mm.; Ailes 12 mm.

♀ *Magna, nigra; capite, thorace, segmentisque 1, 2 rufo-*

*cinerescentibus. Pedibus nigris, extùs fulvo-pilosis. Alis
fumatis.*

♀ Noire. Face noire, rugueuse, ponctuée, recouverte de
poils cendrés. Quelques poils ferrugineux sur les côtés du
labre. Corselet en dessus hérissé de poils cendrés, noirs au
milieu, roux sur les côtés et sur le métathorax. 1er, 2e segments abdominaux hérissés de poils roux-cendrés ; les autres
segments ont des poils noirs, rares, courts. 5e segment noir
avec des poils ferrugineux au bout. Chacun des segments
porte une bande étroite de poils cendrés, quelquefois blancs,
qui se continuent sur les côtés. En dessous, les segments
sont hérissés de poils roux. Poils des pattes blanchâtres
sur les antérieures, roux-ferrugineux sur les autres.
Tarses bruns-ferrugineux. Ailes enfumées. Côte, nervures
brunes.

♂ *Ultimo tarsorum intermediorum articulo nigro, breviter
penicillato.*

♂ Dessous du 1er article des antennes jaune. Chaperon,
labre, pourtour interne des orbites jaunes. Deux taches
noires carrées sur le milieu du chaperon ; deux points noirs
sur les côtés du labre, en haut. Mandibules noires. Poils de
la face blanc-cendrés, ceux du vertex, du corselet en
dessous cendré-noirs, roux sur les côtés et sur le métathorax. 1er, 2e segments de l'abdomen hérissés de poils roux,
très-épais sur le premier. Les autres segments ont des poils
noirs, rares, mêlés de cendrés. Le 6e segment et l'anus ayant
quelques poils ferrugineux. Poils des pattes blancs, mêlés
de roux en dessus, noir-ferrugineux en dessous. Tarses
ferrugineux, le dernier article des tarses intermédiaires orné
d'un pinceau de poils noirs.

Algérie, Naples.   Collection Sichel, Dours.

N° 101.   ANTHOPHORA CONCINNA.

MEGILLA CONCINNA, Klug, 49, 11, 9, ♂.

ANTHOPHORA VESTITA, Smith ♀, 334, 82.

ANTHOPHORA DREWSENII, Sichel.

MEGILLA CROCEA, Klug, 50, 1, 13, ♀.

Long.: — Corps 11 mm.; Ailes 10 mm.

♀ *Nigra ; capite thoraceque cinerescentibus. Abdomine fulvo-piloso. Pedibus extùs albo, subtùs aureo-pilosis.*

♀ Antennes noires, 1er article en dessous un peu lavé de ferrugineux. Chaperon noir; une petite ligne jaune à la partie inférieure, près du bord sutural. Labre noir. Mandibules noires, jaunes à la base et au bout. Face toute entière recouverte de poils blanchâtres. Vertex, corselet en dessus et sur les côtés hérissés de poils cendrés, blancs en dessous, plus pâles sur le métathorax. 1er segment hérissé de poils cendré-roux; chacun des autres recouvert de poils fauves, couchés, tomenteux, plus foncés sur la base, où ils forment des bandes distinctes. Anus noir. En dessous, les segments ont des cils plus pâles. Pattes en dessus recouvertes de poils blancs sur les premières, de poils roux sur les autres. En dessous, ces poils sont ferrugineux-dorés. Eperons de cette couleur. Ailes un peu transparentes. Côte, nervures brunes.

♂ *Ultimo tarso nigro-penicillato.*

♂ Dessous du 1er article des antennes, chaperon, labre, mandibules jaunes; celles-ci noires au bout. Face toute entière recouverte de longs poils roux, mêlés de noirs entre les antennes. Corselet en dessus hérissé de poils roux, mêlés de noirs au milieu, de blancs en dessous. 1er, 2e, 3e, 4e segments de l'abdomen hérissés de poils roux, 5ᵉ, 6ᵉ noirs. Chacun des segments porte une bande de poils plus foncés, couchés. Anus noir, à deux pointes. Pattes en dessus recouvertes de poils blanchâtres, de poils ferrugineux-dorés en dessous, surtout sur les tarses. Dernier article des tarses intermédiaires orné d'un pinceau de poils noirs.

Cafrerie.   Collection Sichel, Dours.

Je possède une variété de cette espèce, sous le nom d'*A. Drewsenii*, Sichel, à pubescence roux-cendrée due à la vieillesse.

Nᵒ 102. ANTHOPHORA FULVO-DIMIDIATA.

Dours.

Long.: — Corps 10 mm.; Enverg. 18 mm.

♂ *Parvus, fulvo-nigro-dimidiatus, thorace 1ᵒque segmento abdominis fulvo, reliquis nigro-pilosis. Pedibus nigris, tarsorum intermediorum ultimo articulo nigro-penicillato. Femoribus posticis subcrassis, tibiis paululùm excavato-concavis. Alis hyalinis.*

♂ Noire. Dessous du 1ᵉʳ article des antennes, face, labre jaunes. Deux petits points ferrugineux sur les côtés du labre, en haut. Mandibules jaunes, leur bout ferrugineux. Poils de la face d'un jaune pâle; ceux du corselet en dessus et sur les côtés fauves, blancs en dessous. 1ᵉʳ segment de l'abdomen hérissé de poils fauves; les segments suivants sont noirs. Anus ayant quelques poils ferrugineux et terminé par deux dents aiguës. Pattes antérieures hérissées sur leur tranche externe de poils blancs, de poils fauves sur leur tranche interne. Pattes intermédiaires noires; 1ᵉʳ article de leurs tarses noirs, 2ᵉ, 3ᵉ, 4ᵉ ferrugineux-fauves; dernier article orné d'un pinceau de poils noirs. Pattes postérieures noires, leurs cuisses un peu renflées, jambes creusées en

12

goûttière. Tarses ferrugineux-obscur. Ailes transparentes. Nervures, côte brunes.

Femelle inconnue.

Béziers (Hérault). Collection Fairmaire, Dours.

N° 103. ANTHOPHORA ATRO-ALBA.

Lep., T. 2, p. 73, n° 41.

Brullé, Hist. Nat. Iles Can., 111, 84, 9.

Long. : — Corps 15 à 18 mm.; Enverg. 25 à 28 mm.

♀ *Nigra, albo-nigro-villosa. Capitis thoracisque pilis albido-cinerescentibus, hoc nigro-fasciato. Segmentorum fasciis 2-4 albis. Sarothro albo. Alæ subhyalinæ.*

♀ Noire. Quelques poils d'un ferrugineux obscur sur le labre et les mandibules. Poils de la face blancs. Une touffe de poils noirs sur le vertex. Poils du corselet en avant, en arrière et sur les côtés blancs. Une large bande de poils noirs entre les ailes. 1er segment de l'abdomen hérissé de poils blancs; 2e, 3e, 4e, 5e segments revêtus de poils noirs, rares. Bord inférieur des 2e, 3e, 4e cilié d'une bande de poils blancs interrompue sur le milieu chez les sujets âgés. Bord inférieur du 5e segment et anus portant des poils ferrugineux. Cils du dessous des segments blancs sur les côtés, noirâtres sur le milieu. Poils des pattes en dessus blancs, noirs en dessous ; ceux du 1er article des tarses en dessous ferrugineux. Ailes un peu enfumées. Côte, nervures noires. Point calleux noir.

Var. *a.* Les poils du corselet et du 1er segment de l'abdomen roux, jaunes quelquefois. *A. liturata* ♀ ?

Algérie, Italie, Midi de la France, Saint-Sever. La variété *a* de Cannes.

Collection Sichel, Dours.

A. LITURATA ♂, Lep., T. 2, p. 74, n° 42.

Long.: — Corps 16 mm.; Enverg. 28 mm.

♂ 1° *articulo tarsorum intermediorum albo-nigro penicillato.*

♂ Noire. Dessous du 1er article des antennes, face toute entière jaunes, à l'exception de deux larges taches sur les côtés du chaperon et de deux points sur la partie supérieure du labre, noirs. Mandibules noires. Poils de la face, du vertex, du corselet blanc-sale. Quelques poils noirs rares sur le milieu du corselet remplacent la bande qui, chez la femelle, se trouve entre les deux ailes. 1er, 2e segments abdominaux hérissés de poils cendrés, épais sur le premier. 3e, 4e, 5e segments revêtus de poils noirs, rares; leur bord inférieur portant quelques cils gris-pâle Poils des pattes de cette couleur. 1er article des tarses intermédiaires dilaté, orné d'un pinceau de longs poils, noirs au centre, blancs sur la tranche externe; les autres articles des tarses intermédiaires sont ferrugineux-pâle, le 2e, 3e, 4e annelés de noirs, avec quelques poils blancs; le 5e, chez les individus nouvellement éclos, présente quelques poils noirs, courts.

Var. *a.* Les poils de la face, du corselet, des deux premiers segments abdominaux roux, quelquefois même jaune-pâle. *A. liturata,* Lep.

Collection Dours, Sichel.

Nota. In recentioribus, pilis capitis, thoracis et segmentorum 1-2 abdominalium rufo-fulvo-hirsutis, in senescentibus cinereis, vel albo-rufis.

N° 104.   ANTHOPHORA PRUINOSA.

Smith, 327, 40.

Long.: — Corps 13 à 14 mm.; Ailes 8 mm.?

♀ *Nigra, fulvo-cinereo-pilosa, 2° segmento albo, 3° apice et 5° nigro-ciliatis.*

♀ Noire. Face, corselet en dessus, 1er, 2e segments de l'abdomen, dessus des jambes postérieures hérissés de poils cendrés, mêlés plus ou moins de ferrugineux. Vertex, côtés de la tête et dessous tout entier du corps noirs. Pattes d'un noir ferrugineux. Ailes un peu enfumées, surtout au bout. Le 2e segment de l'abdomen porte une bande étroite de poils blancs, le 3e et le bout du 5e en ont une de poils noirs. En dessous, l'abdomen est d'une teinte ferrugineuse noire.   (SMITH.)

Sicile.   (Je n'ai pas vu cette espèce.)

♂ *Femoribus intermediis elongatis, tibiarum pilis longissimis albis, 1° articulo antice breviter, postice nigro longissime hirsuto.*

♂ Pubescence semblable, mais plus dense que celle de la femelle. Dessous du 1er article des antennes, chaperon, labre jaunes; le chaperon a deux taches rondes à sa base, le labre deux points sur les côtés noirs. Poils des joues et du corselet cendrés. Pattes antérieures et intermédiaires ciliées de poils de cette couleur; cuisses intermédiaires allongées, leurs jambes ciliées de poils blancs en arrière; 1er article de leurs tarses garni de poils noirs, courts en avant, longs en arrière; 2e, 3e, 4e articles testacés.

No 105. ANTHOPHORA DIMIDIO-ZONATA. Dours.

Long.: — Corps 15 mm.; Ailes 10 mm.

♀ *Nigra, thorace, 1°, 2° segmento, pedibus extùs fulvoferrugineis, 3, 4, 5 nigro-villosis. Alis fumatis.*

♀ Noire. Poils de la face noirs, mêlés de jaunes entre les yeux; ceux du labre ferrugineux. En dessous, les poils sont cendrés, lavés de ferrugineux. Corselet en dessus, 1er, 2e

segments hérissés de poils ferrugineux brillants; 3e, 4e, base
du 5e recouverts de poils noirs. Bord inférieur du 5e et anus
ornés de poils ferrugineux. En dessous, les segments ont des
cils de cette couleur. Pattes d'un noir ferrugineux, les antérieures sont garnies de poils cendrés sur leur tranche
externe, les moyennes et les postérieures de poils ferrugineux pâles en dessus, de ferrugineux noirs en dessous.
Tarses ferrugineux. Ailes un peu enfumées. Côte, nervures
brunes.

♂ 1° *articulo tarsorum intermediorum nigro-penicillato.*

♂ Poils de la moitié inférieure du chaperon et du labre
jaune-cendrés; ceux de la moitié supérieure du chaperon
noirs. Vertex, corselet en dessus, 1er segment de l'abdomen
hérissés de poils ferrugineux brillants; les autres segments
sont hérissés de poils noirs un peu mêlés de cendrés au 6e et
à l'anus. Poils des pattes antérieures cendrés; ceux des intermédiaires et des postérieures hérissés, ferrugineux sur
leur tranche externe, noirs-cendrés sur leur tranche interne.
1er article des tarses intermédiaires portant un pinceau de
poils noirs un peu fauves au bout; 2e, 3e, 4e articles ferrugineux, ciliés de poils blancs; 5e article ayant quelques
poils ferrugineux, longs. 1er article des tarses postérieurs
hérissé de poils noirs, avec quelques-uns de ferrugineux
plus longs; base de cet article et des suivants, en entier,
ciliée de poils blancs.

Nota. Il est à remarquer que chez tous les mâles que j'ai eu
occasion d'observer, les antennes et la face en entier sont tout-à-fait
noires.

Var. Pilis omnibus grisescentibus.

Corse, Algérie.   Collection Sichel, Dours.

N° 106. **ANTHOPHORA DUFOURII.**

Lep., T. 2, p. 75, n° 43.

Long. : — Corps 15 mm.; Enverg. 50 mm.

♀ *Nigra, nigro-ænea ; facie flavo-lineatâ. Capitis thoracis, hoc dorso nigro-fasciato, abdominisque 1ᵢ segmenti pilis rufo-hirsutis ; segmentis 2-5 subviridi-cærulescentibus, 2-3 nigro, 4-5 albo-puberulis, fasciis 2-3 anoque rufo-hirtis. Pedibus extùs albido, intùs nigro rufoque pilosis. Alæ subfucescentes.*

♀ Noire, avec des reflets bleuâtres métalliques sur l'abdomen. Chaperon noir, à l'exception d'une ligne jaune perpendiculaire qui le traverse dans son milieu et rejoint sa base. Labre jaune, deux points noirs sur ses côtés, en haut. Mandibules noires. Poils de la face et du dessous du corselet blancs ; ils sont roux-ferrugineux en dessus et sur les côtés, avec une touffe de noirs sur le milieu, entre les ailes. Abdomen présentant un reflet métallique cuivreux. 1ᵉʳ segment hérissé de poils roux, longs; 2ᵉ, 3ᵉ portant des poils de cette couleur, courts, couchés, formant sur le bord inférieur une bande très-distincte, mais n'empiétant pas sur le segment suivant. 4ᵉ, 5ᵉ segments et côtés de l'abdomen garnis de poils blanchâtres. Bord inférieur du 5ᵉ et anus ayant des poils ferrugineux-noirs. Poils des pattes en dessus blanchâtres, avec une teinte rousse ; en dessous, ils sont noirs, un peu ferrugineux, surtout à l'extrémité du 1ᵉʳ article des tarses postérieurs. Les quatre derniers articles des tarses sont ferrugineux-pâles. Ailes presque transparentes. Point calleux, côte, nervures ferrugineux.

Grèce, Algérie, Italie, France.   Collection Sichel, Dours

NOTA. Chez les sujets âgés, la couleur rousse des poils est remplacée par une teinte cendrée.

♂ Lep., T. 2, p. 75, n° 43,

♂ *Labro totoque clypeo et genis cum frontis margine inferâ luteis. Abdominis segmentis 2-4 nigro-puberulis, 5-6 rufonigroque mixtis. Pedes postici incrassati ; tibiis intùs aculeo magno subrecurvo armatis. Tarsorum articulo primo utrinque unispinoso-dilatato. Tarsorum intermediorum articulo primo toto nigro-ciliato.*

♂ Face entière jaune. 2ᵉ, 3ᵉ, 4ᵉ segments abdominaux n'ayant que des poils courts et fins, de couleur noire; ceux du 5ᵉ et du 6ᵉ noirs et roux mélangés. Pattes postérieures renflées; leurs jambes armées à la partie interne d'une grande épine un peu courbe. 1ᵉʳ article de leurs tarses dilaté et comme épineux de chaque côté. 1ᵉʳ article des tarses intermédiaires entièrement cilié de cils noirs.

(Ex Lep. de Saint-Fargeau.)

J'ai reçu, depuis la terminaison de ce travail, une riche série d'Anthophores appartenant à la collection de M. Puls, pharmacien à Gand. J'y ai trouvé les espèces suivantes inédites.

N° 107. ANTHOPHORA COMBUSTA. Dours.

Long. : — Corps 14 mm ; Ailes 11 mm.

♀ *Nigra, facie nigrâ, luteo maculatâ, lineâ in medio nigrâ. Thorace pedibusque nigro-hirtis. Abdominis segmentis ferrugineo-pilosis, pilis stratis.*

♀ Noire. Antennes lavées de ferrugineux en dessous, sauf les trois premiers articles qui sont noirs. Chaperon finement ponctué, noir, à l'exception d'un point entre les antennes, de la partie inférieure et d'une portion des joues, qui sont jaunes. Il existe en outre une ligne saillante sur son milieu. Labre finement ponctué, jaune-ferrugineux vers ses deux tiers inférieurs, noir vers son extrémité supérieure, où se trouvent deux petits tubercules. Mandibules jaune-ferrugineux, noires au bout. Poils de la face, du vertex et du corselet noirs mêlés de roux. Segments de l'abdomen en dessus revêtus de poils ferrugineux, couchés, excepté sur le tiers supérieur du premier, où ils sont noirs. En dessous, les segments sont ferrugineux noirâtres et ciliés de poils ferrugineux. Poils des pattes noirs, longs, rudes. Ailes enfumées. Côte, nervures noires.

Égypte.   Collection Puls, de Gand.

N° 108. ANTHOPHORA PYRO-ZONATA. Dours.

Long. : — Corps 14 mm.; Ailes 10 mm.

♂ *Nigra; facie, thorace pedibusque extùs cinereo-villosis. Abdominis 1° et 2° segmentis cinereo-tomentosis, reliquis nigris; fasciis ferrugineis, primâ angustâ, pallidâ.*

♂ Face noire, ses poils ainsi que ceux du corselet en dessus et sur les côtés cendrés; sommet du vertex garni de poils noirs. 1er, 2e segments recouverts de poils cendrés, foncés, courts, tomenteux; les autres segments, de noirs courts. Chacun d'eux porte sur son bord inférieur une bande de poils ferrugineux à peine marquée sur le premier. Anus noir. En dessous, les segments sont noirs avec leur bord inférieur ferrugineux. Poils des pattes en dessus cendrés, noirs en dessous. Cuisses intermédiaires et postérieures un peu renflées; tarses ferrugineux, leur 1er article très-long. Ailes presque transparentes. Côte, nervures, point calleux noirs.

Collection Puls, de Gand.

N° 109 ANTHOPHORA VOLUCELLÆ-FORMIS.

Dours

Long. : — Corps 16 mm.; Ailes 12 mm

♀ *Nigra; thorace nigro-cinereo-dimidiato. Abdomine nigro-hirto,* 1° *segmento cinereo,* 5° *anoque aureo-vestitis. Scopâ ferrugineo-aureâ. Tarsorum articulis* (1° *excepto nigro*)*, ferrugineis.*

♀ Noire. Face ponctuée, garnie de poils noirs, rudes. Labre portant de chaque côté, en haut, deux petits tubercules ronds, brillants, de couleur testacé-clair. Corselet revêtu dans sa moitié antérieure de poils noirs, de poils cendré-jaunâtre dans sa moitié postérieure, ainsi que partout en dessous. Abdomen noir, luisant, ses poils longs, couchés, noirs, avec une légère teinte ferrugineuse, sauf sur le 1er segment, où ils sont cendré-jaunâtre, pareils à ceux du corselet, et sur le bord inférieur du cinquième et à l'anus, où ils sont dorés, brillants. Pattes ferrugineuses recouvertes de poils noirs et de cendrés, surtout aux cuisses. Brosse d'un ferrugineux éclatant. 1er article des tarses noir,

les autres sont ferrugineux-obscur. Ailes enfumées. Côte,
nervures noires.

Mexique.   Collection Puls, de Gand.

Nᵒ 110. ANTHOPHORA PULSELLA. Dours.

Long : — Corps 15 mm. ; Ailes 10 mm.

♀ *Nigra, cinereo-ferrugineo-hirta; thorace 1ºque segmento*
cinereo-hirsutis, reliquis nigris, ferrugineo-pilosis. Pedibus
nigro-ferrugineis. Scopâ 1ºque tarsorum posticorum articulo
villosissimis, ferrugineis.

♀ Noire. Antennes ferrugineuses, sauf les trois premiers
articles qui sont noirs. Poils de la face en dessus et en
dessous cendrés, ceux du labre roux. Corselet ponctué,
hérissé à sa partie antérieure, latérale et postérieure de
poils cendrés un peu jaunes ; au centre ces poils sont noirs
et se prolongent jusqu'au devant de l'insertion des ailes.
1ᵉʳ segment de l'abdomen hérissé de poils cendrés un peu
jaunes ; les autres segments ont des poils roux couchés.
5ᵉ segment et anus noirs ; en dessous et sur les côtés tous
les segments sont ciliés de poils roux. Pattes noires lavées
de ferrugineux ; poils des deux paires antérieures noir-
ferrugineux. Brosse et 1ᵉʳ article des tarses postérieures
garnis de poils longs, serrés, d'une couleur ferrugineuse
éclatante. Ailes un peu enfumées. Côte, nervures noires.

Mexique.   Collection Puls, de Gand.

Je me fais un plaisir de dédier cette espèce à M. Puls, pharmacien
à Gand, savant Hyménoptérologiste, qui m'a généreusement permis
d'étudier sa riche collection d'Anthophores.

Nᵒ 111. ANTHOPHORA HISTRIO. Dours.

Long. : — Corps 12 mm ; Ailes 8 mm.

♂ *Facie nigrâ, immaculatâ, punctatâ. Thorace primoque*

segmento rufo-luteo-lanatis; segmentis **2,** 3, 4, 5, 6 *in medio luteo-tomentosis. Ventre cinereo-hirsuto. Pedibus nigris, femoribus intermediis et posterioribus crassis; primo tarsorum articulo longissimo.*

♂ Antennes ferrugineuses, sauf les trois premiers articles qui sont noirs. Face noire finement ponctuée, recouverte de poils roux. Poils du corselet en dessus et sur les côtés cendré-roux tirant sur le ferrugineux, surtout en arrière. Poils du 1er segment en dessus et de tous les segments en dessous hérissés, cendrés; tous les autres en dessus noirs. Chacun d'eux porte sur son bord inférieur une ligne de poils jaunes très-courts, couchés, semblables à des écailles de papillon; cette ligne, très-étroite sur le bord du 1er segment, devient plus large mais en même temps plus courte sur chacun des autres. Pattes noires, cuisses intermédiaires et postérieures renflées. Tarses roux, le 1er article très-long. Ailes presque transparentes. Côte, nervures, point calleux de couleur ferrugineuse.

Mexique.   Collection Puls, de Gand.

N° 112. ANTHOPHORA NIGRO-ÆRUGINOSA.

Dours.

Long. : — Corps 13 mm.; Ailes 10 mm.

♀ *Nigra, nigro-hirsuta. Abdomine nigro-æruginoso,* 5ᵉ *fasciâ anoque ferrugineis.*

♀ Antennes lavées de ferrugineux. Poils de la face, de la tête, du corselet hérissés, noirs, assez longs. Abdomen noir, brillant, avec une teinte bleuâtre ferrugineuse. 1er segment revêtu de poils assez longs, noirs, un peu lavés de ferrugineux. Base du 5e segment et anus portant une touffe de poils ferrugineux-blanchâtres sur le genou des pattes intermédiaires. Ailes enfumées. Côte, nervures noires.

Patrie inconnue.   Collection Puls, de Gand.

Nº 113. ANTHOPHORA UNI-STRIGATA. Dours.

Long. : — Corps 13 mm.; Ailes 10 mm.

♀ *Nigra; scapo nigro, flagello ferrugineo. Thorace 1°que segmento fulvo-hirsutis. 3ⁱ segmenti strigâ albido-subcœruleâ. Abdomine pedibusque nigris.*

♀ Noire. Antennes ferrugineuses, sauf les trois premiers articles qui sont noirs. Poils de la face cendrés, mêlés de noirs ; ceux du labre roux, ils sont blancs en dessous. Corselet en dessus et 1ᵉʳ segment de l'abdomen hérissés de poils roux. Abdomen noir, avec quelques poils de cette couleur sur le 1ᵉʳ segment ; base du 5ᵉ ornée d'une petite bande de poils très-courts d'un blanc azuré. En dessous et sur les côtés les segments sont ciliés de poils cendrés. Poils des pattes et du 1ᵉʳ article des tarses noirs ; les autres articles des tarses sont ferrugineux. Ailes un peu enfumées. Côte, nervures noires. Point calleux testacé clair.

Mexique.   Collection Puls, de Gand.

Nº 114. ANTHOPHORA LUTEO-DIMIDIATA.
Dours.

Long. : — Corps 14 mm.; Ailes 11 mm.

♀ *Nigra, thorace primoque segmento luteo-hirtis, reliquis nigris; quinti segmenti fasciâ anoque ferrugineis.*

♀ Dessous des antennes ferrugineux, sauf les trois premiers articles des tarses qui sont noirs. Face entièrement jaune, à l'exception d'une plaque triangulaire noire sur le milieu du chaperon. Mandibules jaunes, leur bout noir. Poils de la face, du corselet et du 1er segment de l'abdomen hérissés jaune-serin. Ces poils forment au-devant des antennes une ligne transverse épaisse, très-saillante. 2e, 3e, 4e segments recouverts de poils noirs très-courts, lavés de ferrugineux. Base du 5e et anus garnis de poils ferrugineux-obscur. Poils des pattes antérieures et intermédiaires hérissés, jaune-ferrugineux; ceux des postérieures noirs, longs, rudes. 1er article des tarses postérieurs orné d'un pinceau de poils noirs très-épais, un peu lavés de ferrugineux. Ailes enfumées. Côte, nervures noires.

Mexique.   Collection Puls, de Gand.

Nota. Dans cette espèce, les deux premières cellules cubitales sont presque carrées; la première nervure récurrente aboutit au tiers antérieur de la deuxième cubitale.

N° 115.   ANTHOPHORA SIMIA. Dours.

Long.: — Corps 13 mm.; Ailes 10 mm.

♀ *Nigra; capite pedibusque aterrimis. Thorace et 1° segmento abdominis albo, griseo-villosis. Abdomine nigro, 2°, 3°que segmentis in latere niveo-maculatis.*

♀ Noire. Chaperon finement ponctué. Poils de la face et du vertex très-noirs. Corselet en dessus et 1er segment de l'abdomen hérissés de poils blancs ou cendrés, longs. Les autres segments sont noirs, presque nus, si ce n'est sur les côtés et à l'anus. Le 2e et le 3e segment sont ornés d'une tache blanche sur les côtés, plus longue sur le 2e, où elle forme une ligne interrompue au milieu. Poils des pattes longs, épais, noirs, lavés de ferrugineux. Ailes un peu enfumées. Côte, nervures noires.

Collection Puls, de Gand.

INCERTÆ SEDIS, MIHI INCOGNITÆ.

ANTHOPHORA APICALIS.

Guérin, Icon. Règne Anim. Ins., p. 455, Tab. 74, fig. 4.

ANTHOPHORA BOMBOÏDES.

Kirby, Faune Bor. Amér., 271, 1

ANTHOPHORA CINERESCENS.

Lep., Hym., T. 2, 51, 25, ♀.

ANTHOPHORA FRONTATA.

Say, Bost., Journ. Nat. Hist., 1, 409, 2, ♂.

ANTHOPHORA INCERTA.

Spin., Faune Chili, VI, 172, 3, ♀.

Antennes, abdomen, pattes noires. Poils de la tête et du corselet en avant fauves pâles.

(Ex Smith.)

GENUS III.

SAROPODA.

Lat., Gen. Crust. et Ins., Tab. 4, fig. 17 (1800).

APIS, P^{im} Panz, Faune Germ., Fasc. 55, fig. 17 (1800).

ANTHOPHORA, P^{im} Spin., Ins. Lig., Fasc., 1, 127 (1806).

HELIOPHILA, Klug, Illig., Mag. VI (nec Burmann) (1807).

Palpi.

Palpis labialibus 4-articulatis, continuis; 1° articulo sex longiori secundi, ultimo brevissimo, acuto.

Palpis maxillaribus 4-articulatis; 1° articulo brevi, crasso; 2° longiori fusiformi, ultimo brevissimo, cylindrico.

Pl. 1; fig. 1, 2.

Alæ.

Cellulâ radiali unicâ, rotundatâ.

Cellulis cubitalibus 3; 1ª longiori, 2ª versùs radialem coarctatâ, in medio primum nervum recurrentem recipiente, 3ª secundum recurrentem nervum recipiente versùs extremitatem.

Tète transverse; ocelles placés en triangle sur le vertex.

Antennes filiformes; 1er article large, plus long que le deuxième, qui est globuleux et très-petit; 3e article égal au premier, terminé en godet à son extrémité supérieure. Les autres articles sont petits et égaux entre eux.

Labre presque carré, arrondi à ses angles.

Palpes labiaux formés de *quatre* articles se continuant en ligne droite; le premier plus de six fois plus long que le deuxième; le dernier très-petit, terminé en pointe aiguë.

Palpes maxillaires formés de *quatre* articles, le premier court, épais; le deuxième moitié plus long, fusiforme; le quatrième très-petit, cylindrique.

Langue très-longue, fusiforme, un peu pubescente sur toutes ses faces.

Paraglosses courts, atteignant à peine la moitié du 1er article des palpes labiaux.

Mandibules terminées en pointe un peu émoussée.

Une cellule radiale un peu arrondie à son extrémité.

Trois cubitales; la première un peu plus longue que les deux autres; la deuxième rétrécie vers la radiale recevant vers son milieu la première nervure récurrente; la troisième recevant à son extrémité la deuxième nervure récurrente.

N° 1.   SAROPODA BI-MACULATA.

Lat., Gen. Crus. Ins., IV, 17.

ANTHOPHORA BIMACULATA, Lep., T. 2, p. 36, n° 11.

APIS BIMACULATA, Panz., Faun. Germ., 55, 17, ♀.

Kirby, Mon. Apum. Angl., T. 11, p. 286, n° 63, ♀.

APIS ROTUNDATA, Panz., Faun. Germ., 56, 9, ♂.

Kirby, Mon. Ap. Angl., T. 2, p. 291, n° 66, ♂.

ANTHOPHORA ALBIFRONS, ♂. Evers., Faune, p. 115, n° 13.

ANTHOPHORA ROTUNDATA, Blanchard, Hist. Nat. Ins., III, 406.

ANTHOPHORA COGNATA ♀. Smith, Cat., 326, 35.

ANTHOPHORA BIMACULATA, Klug, Illig. Mag. VI, 227.

Long. : – Corps 10 à 11 mm.; Enverg. 15 mm.

Parva, nigra, rufescenti-cinerescenti-hirta; clipeo ♀, medio apiceque ♂ toto, scapoque subtùs, flavis; labro flavo, nigro maculato, mandibulis medio flavis; occipite mesonotique disco ♀ nigricanti; ♂ rufescenti-pilosis, ♀ abdominis segmenti

1ⁱ *fasciâ apicali lineari albidâ; 2ⁱ cinereo-squammulosis; 2-4 fasciâ apicali cinerescenti, rufescenti tomentosâ; ano nigro,* ♂ *abdominis nigri segmentorum 1-5 fasciâ apicali cinereo-rufescenti, tomentosâ; ano cinerescenti albido-piloso, tarsis intermediis simplicibus.*

♀ Noire. Corselet, une ligne transversale au dessus, labre jaunes. Deux points noirs, larges, carrés sur les côtés du chaperon; deux petits points parfois peu distincts sur les côtés du labre, en haut, noir-ferrugineux. Mandibules jaunes, leur bout ferrugineux. Poils de la face d'un blanc sale, roux sur le vertex et le corselet en dessus; ce dernier portant sur son milieu un disque de poils noirs. 1ᵉʳ segment de l'abdomen hérissé de poils cendrés-roux; une petite ligne de poils jaunes très-courts limite son bord inférieur. 2ᵉ, 3ᵉ, 4ᵉ segments recouverts de poils jaunes, très-courts, semblables à de petites écailles, formant sur le bord supérieur et inférieur de chacun d'eux une bande que sépare un espace entièrement nu, large sur le deuxième, à peine perceptible sur le quatrième. 5ᵉ segment, côtés et dessous de l'abdomen hérissés de poils cendrés. Anus noir. Pattes en dessus recouvertes de poils cendrés, noir-ferrugineux en dessous. Eperons testacés. Tarses ferrugineux-noir. Ailes transparentes. Point calleux testacé. Nervures, côte brunes.

♂ Long. : — Corps 10 mm.; Enverg. 15 mm.

♂ Noire. Dessous du 1ᵉʳ article des antennes et face toute entière jaunes, sans tache. Mandibules jaunes, leur bout ferrugineux. Poils de la face et du corselet en dessus fauves. 1ᵉʳ segment de l'abdomen hérissé de poils fauves. 2ᵉ, 3ᵉ, 4ᵉ, 5ᵉ, 6ᵉ ayant des poils noirs, courts, rares. Bord inférieur de tous les segments orné d'une bande de poils fauves tirant au

13

cendré sale. 5e, 6e, anus et côtés de l'abdomen recouverts de
poils cendrés. Pattes ayant des poils cendrés. Dernier article
des tarses noir. Ailes transparentes. Côte et nervures
brunes.

Cette description est faite d'après des individus nouvellement
éclos. Chez les sujets vieux, la pubescence perd sa teinte fauve
pour devenir cendrée.

NOTA. ♀ Recentium clipei basis utrinque maculam nigram
quadratam offert, ut pote parte orbitali, nigrà quoque, à pilis
flavescenti-cinerescentibus obsitâ. Antennæ subtùs plerùmque
nigræ, rarissimè piceæ vel rufæ.

Oculi in vivis lætæ viridescunt.

Recentium pili thoracis rufi, multo pallidiores in fæminâ at
semper mesonoti disci pilis pro maximâ parte nigris.

♂ Thorax segmentumque primum densè lætæque rufo-hirtum,
admixtis pilis nigris nullis, in fæminis senioribus pili thoracis peri-
pherici semper canescunt : in mare omnes thoracis pili, ad multo
rariùs.

♀ Segmentorum abdominalium 2-4, rarò 3 detritione tantùm,
basis nigra nudaque.

♂ 2-6 basis in recentissimis quoque nigra et nigro-trepidosa,
fasciis albidis, ultimo latiore. 5i segmenti excissura analis semicir-
cularis, anusque nigro-pilosa.

♂ Anus suprà albido-cinerescenti pilosus.

Nous avons dù être un peu long dans la description de cette
espèce, que nous avons refaite entièrement sur de nombreux individus et surtout sur des séries complètes, comme par exemple six
femelles, huit mâles pris au bois du Vésinet le 21 juin 1864; trois
femelles, trois mâles pris dans la même localité le 8 juillet 1866;
huit femelles, douze mâles provenant de Ponteba (Algérie).

La description de M. Lepelletier, faite sur un petit nombre d'individus usés, est conforme à ce que nous avons vu sur des exemplaires semblables. Mais elle est très-imparfaite, fautive et ne peut donner aucune idée de cette espèce.   (SICHEL.)

VAR. 4.   **SAROPODA SQUALIDA.**

ANTHOPHORA SQUALIDA, Lep. Saint-Fargeau, T. 2, 53, 27, ♀.

Long. : — Corps 12 mm.; Ailes 7 mm·

♀ Noire. Face de couleur jaune-éburnée, sauf deux taches noires sur les côtés du chaperon, et une ligne ferrugineuse sur son bord inférieur. Le labre porte aussi sur ses côtés deux points noirs, quelquefois ferrugineux. Mandibules jaunes, sauf à leur bout qui est ferrugineux. Poils de la face, du corselet en dessus hérissés, plus ou moins roussâtres, mêlés de noir surtout entre les ailes; en dessous, ces poils sont blanc-cendrés. 1ᵉʳ segment de l'abdomen revêtu de poils roussâtres à sa base, noirs au milieu. 2ᵉ, 3ᵉ, 4ᵉ, 5ᵉ chargés de petites écailles jaune-cendré allant en s'épaississant du 1ᵉʳ au 5ᵉ, où elles sont tout-à-fait cendrées; ces écailles s'interrompent sur le milieu du 2ᵉ et y sont remplacées par une bande de poils noirs. Bord inférieur de tous les segments orné d'une frange de poils roussâtres qui tournent au ferrugineux sur le 5ᵉ. Côtés de l'anus et pattes revêtus de poils ferrugineux-blanchâtres. Jambes postérieures couronnées à leur extrémité par une touffe de poils noirs atteignant le bout du 1ᵉʳ article des tarses. Ceux-ci sont ferrugineux, revêtus en dessous de poils ferrugineux-doré. Ailes un peu enfumées. Côte et nervures noires.

♂ Noire. Un peu plus petit que la femelle. Dessous du 1ᵉʳ article des antennes jaune-éburné. Face toute entière de cette couleur, sauf deux très-petits points noirs placés sur les côtés supérieurs du labre. Mandibules comme dans la femelle. Poils de la face et du corselet en dessus hérissés, roussâtres, plus blancs en dessous. 1er segment de l'abdomen revêtu de poils cendrés, plus ou moins mêlés de roux; les autres segments noirs, leur bord inférieur orné d'une bande de poils couchés, plus ou moins cendrés. Anus caréné, bidenté et portant quelques poils ferrugineux. Poils des pattes blanchâtres. Tarses ferrugineux, revêtus, le dessous, surtout au 1er article, de poils ferrugineux-doré.

Var. Poils du corselet et du 1er segment abdominal entièrement roux. Tarses très-ferrugineux.

Algérie, Corse.   Collection Sichel, Dours.

Nota. Cette variété me semble appartenir à l'*A. bi-maculata*, Lep. Elle n'en diffère que par la couleur de ses tarses postérieurs, qui sont en dessous hérissés de poils ferrugineux-doré.

N° 2.   **SAROPODA FULVA.**

Evers. Faune.

Long. : — Corps 10 mm.

♀ *Nigra, fulvo-pubescens, abdomine, antennarum flagello, tibiis tarsisque fulvis.*   (Ex Eversmann.)
Province de Casan.

Je n'ai pas vu cette espèce, qui pourrait bien ne pas appartenir au genre *Saropoda*. La première nervure récurrente se continue avec la ligne d'intersection de la deuxième cubitale, ce qui la rapprocherait de la venulation des Habropoda.

N° 3.   **SAROPODA TENELLA.**

Klug, Symb. Phy. Dec. V, Tab. 50, fig. 6, ♀.

Long. : — Corps 9 à 10 mm.

♀ *Nigra, ore albo, abdominis segmento quinto maculâ fuscâ.*

Capitis clypeus albidus, basi utrinque niger. Labrum albidum. Mandibulæ albidæ apice nigræ. Antennæ fuscæ, subtùs, basi exceptâ, rufæ. Thorax subtùs, marginibusque densiùs villosus. Alæ albo-hyalinæ, nervis tegulisque testaceis. Pedes nigro-picei, albido-pilosi, tarsis latere interno fulvo-aureohirtis. Abdomen subtùs piceum, suprà densè albido-tomentosum, segmento quinto maculâ triangulari fuscâ.

Affinis S. *Byssinæ.*

Egypte. Ex Klug.

Nº 4. SAROPODA BYSSINA.

Klug, Symb. Phys., Dec. V, Tab. 50, fig. 4.

Long. : — Corps 10 à 11 mm.

♀ *Nigra, capite antice pallido, abdominis segmento quinto maculâ mediâ, atrâ, tarsis nigro-hirtis.*

Caput albido-villosum, clypeo, labro mandibulisque pallidis, his apice nigris. Antennæ fuscæ, subtùs ferrugineæ. Thorax ubique densè albo-villosus. Alæ albo-hyalinæ, nervis tegulisque testaceis. Pedes picei, femoribus subtùs, tibiis extùs niveo, margine interno tarsisque nigro-hirsutis. Abdomen subtùs piceum, suprà tomento cretaceo tectum, segmento quinto maculâ magnâ, mediâ, triangulari, velutinâ, fuscâ ornato, sexto fusco.

Egypte. Ex Klug.

Nº 5. SAROPODA LUTULENTA.

Klug, Symb. Phy Déc. V, Tab. 50, fig. 5.

Long. : — Corps 10 à 11 mm.

♀ *Nigra, capite antice pallido, abdominis segmentis intermediis dorso transversim nudiis.*

Caput albido-postice grisco-villosum. Clypeo, labro mandibulisque pallidis, his apice nigris. Antennæ fuscæ, subtùs
ferrugineæ. Thorax subtùs cinereo, suprà griseo-villosus.
Alæ albo-hyalinæ, nervis stigmateque testaceis, tegulæ
testaceæ. Pedes albido-villosi, tarsis latere interno fulvo-
aureo-pilosis. Abdomen subtùs nigro-piceum, suprà flaves-
centi-griseo, apice niveo-tomentosum. Segmentum quintum
maculâ mediâ fulvo-aureâ ornatum. Segmentum secundum
et tertium basi apiceque non nisi tomentosâ lineâ transversâ,
flexuosâ, mediâ, nudâ, relutâ.

Egypte.   Ex Klug.

N° 6.   SAROPODA BOMBIFORMIS.

Smith, Cat., p. 318, 6.

Long. : — Corps 13 à 14 mm.

♀ ♂ *Nigra, fulvo-villosa; facie flavo-albida vel ferrugineá
vix nigro-punctatâ. Capitis pilis cinereis, thoracis, abdominis
pedumque extùs fulvis, 2° segmento basi nigro-fasciato.*

♀ Noire. Dessous du 1er article des antennes, chaperon,
labre de couleur jaune-orangée. Mandibules jaunes, leur
bout ferrugineux. Poils de la face cendrés. Poils du corselet
en dessus fauves, éclatants, blancs en dessous. Tous les segments de l'abdomen sont couverts de poils fauve-doré,
éclatants, couchés, sauf sur la base du deuxième, où ils sont
remplacés par une bande de poils noirs très-courts. Poils
des pattes en dessus longs, surtout sur les tranches, fauve-
doré; en dessous, les poils sont noirs, surtout sur le 1er article des tarses postérieurs. 1er article des tarses postérieurs
noir. Ailes un peu enfumées. Côte, nervures brunes. Point
calleux testacé-clair.

♂ Entièrement semblable à la femelle. Anus mucroné.

Australie. **Collection Sichel, Dours.**

Var. Paulo major. 1° segmento nigro (usurâ?), 2ⁱ, 3ⁱque liturâ nigrâ.

Collection Puls.

N° 7.   SAROPODA LATIZONA.

Spin., Ann. Soc. Ent. Franç., VII, 543, 82 (anno 1838).

N° 8.   SAROPODA HUMILIS.

Spin., Ann. Soc. Ent. Franç., VII, 544 (anno 1838).

N° 9.   SAROPODA NIGRILABRIS.

Spin., Ann. Soc. Ent. Franç., VII, 543 (anno 1838).

Il m'a été impossible de confronter ces trois espèces avec la description de M. Spinola.

Erratum. — Page 94, à la suite d'*Anthophora albi-frons,* écrivez : Smith.

Nota. La planche I (noire) est empruntée aux dessins de M. Frédéric Smith, Apidæ Angliæ, Cat. Hym.

Les autres planches n'ayant pu être terminées à temps, elles paraîtront successivement dans les prochains volumes de la Société.

TABLE ALPHABÉTIQUE

DES AUTEURS CITÉS.

——

Académie des Sciences (Mémoires de l'), T. vii, 1841.

Annales de la Société Entomologique de France. Années 1838, 1853, 1854, 1856.

Blanchard, dans d'Orbigny, Dictionnaire d'Histoire naturelle.

— dans Cuvier, Règne animal.

— Histoire naturelle des Insectes.

Brullé, Expédition scientifique de Morée. T. iii, 1832, in-folio.

— Histoire naturelle des îles Canaries. T. iii, 1839, in-folio.

Christ, Naturgeschicte klassification und nomenclatur der Insecten; vom Bienen, wespen und Ameisengeschlecht, Frankfurt an Main, 1791, petit in-4°.

Conte (le), The complete writings of the Say... Edited by J.-L. Le Conte, 2 vol. New-York, 1859.

Coquebert, Illustratio iconographica Insectorum, etc. Parisiis, 1804, in-folio.

Costa (A.), Fauna del regno di Napoli, in-4°.

Curtis, Brit. Entom.

Erichson, in Wagner reise in der Regents. Algier.

Eversmann, Fauna hymenopterologica Volgo-Uralensis, Mosque, 1852, n° 3. (Extrait des Bulletins des Naturalistes de Moscou. T. xxii, 1849.)

— Bulletin des Naturalistes de Moscou. T. xxv.

Fabricius, Entomologica Systematica, 1793; — Mantissa Insectorum, 1787; — Species Insectorum, 1781; — Systema Entomologicæ, 1775; — Systema Piezatorum, 1804.

Germar, Fauna Insectorum Germaniæ.

— Reise nach Dalmatien und Ragusæ, Leipszig, 1817; annoté par Klug pour les Hyménoptères.

Guérin, Iconographie du règne animal; Revue zoologique.

Illiger, Magazine für Insecten kunde, 1802.

Jurine, Nouvelle Méthode de classer les Hyménoptères, 1807, in-4°.

Kirby, Monographia Apum Angliæ, 2 vol. Londres, 1802.

Klug, in Hemprich et Ehrenberg, Symbolæ physicæ, Decas, V, 1832, in-folio.

Latreille, Observ. sur l'Abeille pariétaire, de Fab. Annales du Muséum d'Hist. nat. T. III, 1804, et T. XIV, 1809.

— Nouveau Dictionnaire d'Histoire naturelle, 1819.

— Genera Crustaceorum et Insectorum, 1809.

Lepelletier de Saint-Fargeau, Histoire naturelle des Insectes. Hyménoptères. T. II, 1841.

Lepelletier et Serville, in Encyclopédie Méthodique. T. X.

Linné, Systema naturæ, Insecta, 1767.

Lucas, Expédition Scientifique de l'Algérie. T. III, 1849; in-folio.

Morawitz, die Bienen des Gouvernements... in horæ Societatis Entomologicæ Rossicæ. T. VI.

Nylander, Adnotationes in Expositionem monographicam apum Borealium, 1847.

— Revisio synoptica apum Borealium, 1851.

Panzer, Fauna Insectorum Germaniæ; — Kritische revision der Insecten-fauna, 1806.

Pallas, Voyages. Paris, 1748. (Trad. de Gauthier de la Peyronie.)

Radoszkovsky, in horæ Societatis Entomologicæ Rossicæ. T. vi.

Rossi, Fauna Etrusc, 1790.

Savigny, Description de l'Egypte; pl. sans texte, gr. in-folio.

Say, American Entomology, 1825.

— in Boston, Journal of natural History, passim 1836, 1837.

Schrank, Enumeratio Insectorum Austriæ indigenorum, 1781.

— Fauna Boica, 1802

Schenck, die Bienen der Herzogthums Nassau, 1861.

Scopoli, Deliciæ Floræ et Faunæ Insubricæ, 1786.

Sichel (J.), in Annales de la Société Entomologique de France. Années 1853, 1854, 1856.

— In litteris passim.

Smith (F.), Catalogue of Hymenopterous Insects, in the collection of British-Museum, part 1. London, 1853.

— Apidæ-Bees, part 1, 1855.

Spinola, Insecta Liguriæ, 1806.

— dans Say, Fauna Chilena, 1851.

Villers (de), Linnei Entomologia, 1789.

Westwood, An introduction to the modern Classification of Insects. London, 1840. 2 vol.

TABLE

ET

CATALOGUE SYNONYMIQUE DES ESPÈCES

APPARTENANT AUX GENRES

ANTHOPHORA, HABROPODA, SAROPODA.

Noms.	Pages.	Nos.	Noms.	Pages.	Nos.
ANTHOPHORA.	29		Albo-caudata, Dours.	84	10
Abrupta ♂, Say.	96	25	*Alternans*, Klug.	72	
Floridana ♀, Smith.			*Analis*, Sichel.	61	
Sponsa ♀, Smith.			Apicalis, Guér.	194	
Acervorum, Lat.	172		Arietina, Dours.	168	
Acraensis, Fab.	83	9	Atricilla, Evers.	130	
Æruginosa; Smith.	82	8	Atrifrons, Smith.	132	62
Æstivalis, Panz.	169		Atro-alba ♀, Lep.	182	103
Affinis, Lep.	165		*Liturata* ♂, Lep.	183	
Albescens, Dours.	66		*Atro-cærulea*, Sichel.	60	
Albida, Sichel.	78		Atro-cincta, Lep.	91	17
Albi-frons, Smith.	94	21	*Plumipes*, Fab.	91	
Albigena, Lep.	75	3	Atro-ferruginea, Dours.	122	51
Albida, Sichel.	78		Aurulento-caudata,		
Binotata, Lep.	75		Dours.	92	18
Calens, Lep.	76		Badia, Dours.	107	35
Fasciata, Fab.	77		Balneorum, Lep.	105	34
Niveo-cincta, Smith.	76		Basalis, Smith.	94	22
Quadri-cincta, Fab.	77		Belieri, Sichel.	131	61
Ruficornis, Sichel.	77		Biciliata, Lep.	125	54

Noms.	Pages.	Nos.	Noms.	Pages.	Nos.
Bicincta, Lep.	86	12	Domingensis, Lep	70	
Sesquicincta, Klug.	86		Dorsi-macula, L. Duf.	101	
Vidua, Klug.	86		Drewsenii, Sichel.	180	
Bicolor, Sichel.	109		Dubia, Evers.	119	49
Bipartita, Smith.	81	7	Dufourii, Lep.	186	106
Hemithoracia, Sichel.	81		Ephippium, Lep.	165	
Bomboïdes, Kirby.	194		Euris, Dours.	166	
Borealis, Moraw.	145		Farinosa, Klug.	72	
Calcarata, Lep.	144	75	Fasciata, Fab.	76	
Calens, Lep.	76		Femorata, Lep.	138	70
Caliginosa, Klug.	98	27	Cinerea, Evers.	138	
Canescens, Dours.	174		Ferruginea, Lep.	97	26
Canifrons, Smith.	93	20	Fulva, Evers.	97	
Chiliensis, Spin.	136	68	Nigro-fulva, Lep	97	
Tristrigata, Spin.	136		Flabellifera ♂, Lep.	176	
Cincta, Fab.	58		Flammeo-zonata,		
Cincto-femorata, Sichel.	154	81	Dours.	61	
Cinerea, Evers.	138		Floridana ♀, Smith.	96	
Cinerescens, Lep.	194		Frontata, Say.	194	
Cingulata, Fab.	59		Fulvifrons, Smith.	134	66
Circulata, Fab.	63		Fulvipes, Evers.	108	36
Citreo-strigata, Dours.	95	23	Fulvitarsis, Brullé.	165	
Combusta, Dours.	188	107	Fulvo-cinerea, Dours.	100	
Concinna, Klug.	180	101	Fulvo-dimidiata, Dours.	184	102
Crocea, Klug.	180		Furcata, Lep.	110	38
Drewsenii.	180		Fuscipennis, Smith.	134	65
Vestita, Smith.	180		Garrula, Rossi.	63	
Confusa, Klug.	73		Godofredi, Sichel.	119	48
Crassipes ♂, Lep.	144		Hawortana, Kirby.	172	
Crinipes, Smith.	174		Hirsuta, Lat.	152	
Crocea, Klug.	180		Hispanica, Evers.	169	
Dimidio-zonata, Dours.	184	105	Hispanica, Fab.	163	89
Dispar, Lep.	157	84	Histrio, Dours.	190	111
Dives, Dours.	143	74	Holopyrrha, Sichel.	89	15

Noms.	Pages.	Nᵒˢ.	Noms.	Pages.	Nᵒˢ.
Hypopolia, Dours.	87	13	Nubica, Lep.	85	11
Incerta, Spin.	194		Obesa, Giraud.	109	37
Intermedia, Lep.	169	98	Bicolor, Sichel.	109	
Interrupta, L. Duf.	169		Oraniensis, Lep.	118	47
Æstivalis, Panz.	169		Oxygona, Dours.	141	72
Hispanica, Panz.	169		Parietina, Fab.	99	29
Zonata, Brullé.	169		Plagiata, Illig.	99	
Interrupta, L. Duf.	169		Passerini, Sichel.	31	
Ioïdea, Dours.	174		Pedata, Evers.	130	60
Irregularis, Dours.	142	73	Pennata, Lep.	161	88
Lanata, Klug.	114	42	Personata, Illig.	165	91
Lati-cincta, Dours.	124	53	Affinis, Lep.		
Lepida, Evers.	115	43	Ephippium, Lep.		
Lepidodea, Dours.	115	44	Euris, Dours.		
Luteo-dimidiata.	192	114	Fulvitarsis, Brullé.		
Maderæ, Sichel.	65		Nasuta, Lep.		
Marginata, Smith.	150	80	Scopipes? Klug.		
Melanopyrrha, Sichel.	90	16	Pilipes, Fab	152	83
Mexicana, Sichel.	133	64	Hirsuta, Evers.	152	
Microdonta, L. Duf.	139		Plagiata, Illig.	99	
Mixta ♂, Lep.	145		Pluto, Dours.	95	24
Mucorea, Lep.	67		Pruinosa, Smith.	183	104
Nana, Evers.	63		Pubescens ♀, Lep	176	98
Nasuta, Lep.	165		Flabellifera ♂, Lep.	176	
Nidulans, Lep.	63		Pulchra, Smith.	60	
Nigrita, Sichel.	137	69	Pulsella, Dours.	190	110
Nigro-æruginosa, Dours.	191	112	Pulverosa, Smith.	116	45
Nigro-cincta, Lep.	123	52	Pygmæa, Dours.	151	82
Nigro-cinctula, Sichel.	159	85	Pyralitarsis, Dours.	160	87
Nigro-maculata, Luc.	121	50	Pyropyga, Dours.	147	46
Nigro-vittata, Dours.	98	28	Pyro-zonata, Dours.	188	108
Nitidula, Sichel.	135	67	Quadri-cincta, Evers.	174	
Nivea, Lep.	74		Quadricolor, Erichson.	101	30
Niveo-cincta, Smith.	76		Dorsi-macula, L. Duf.	101	

Noms.	Pages.	Nᵒˢ.	Noms.	Pages.	Nᵒˢ.
Quadri-fasciata, de Vill.	63	2	Robusta, Klug.	133	64
Albescens, Dours.			Romandii, Lep.	129	58
Albida, Sichel.			Insidiosa, L. Duf.		
Alternans, Klug.			Rubricrus, Dours.	171	95
Circulata, Fab.			*Ruficornis*, Sichel.		
Citreo-strigata, Dours.			Rufipes, Lep.	79	5
			Savignyi, Lep.		
Confusa, Klug.			Rufo-lanata, Dours.	81	6
Domingensis, Lep.			Rufo-zonata, Dours.	112	39
Farinosa, Klug.			Rutilans, Dours.	159	86
Flammeo-zonata. Dours.			Rypara, Dours.	164	90
			Savignyi, Lep.	79	
Incana, Klug.			*Scopipes*, Klug.	165	
Maculicornis, Lep.			Segnis, Evers.	139	71
Maderæ, Sichel.			*Microdonta*, L. Duf.		
Melaleuca, Lep.			Semi-pulverosa, Sichel.	68	
Mucorea, Lep.			Semis-cinerea, Dours.	126	55
Nana, Evers			Senescens, Lep.	174	97
Nidulans, Rossi.			*4-cincta*, Evers.		
Nivea, Lep.			*Canescens*, Dours.		
Semi-pulverosa, Sichel.			*Ioïdea*, Dours.		
Quadri-maculata, Panz.	115	76	Sicula, Smith.	105	33
			Simia, Dours.	193	115
Borealis, Moraw.	155		Smithii, Sichel	103	31
Mixta ♂, Lep.			*Socia*, Klug.	71	
Subglobosa, Kirby.			Spodia, Dours.	113	44
Vara? ♂, Lep.			*Sponsa*, Smith.	96	
Vulpina ♂, Kirby.			*Squalens*, Dours.	167	
Quadri strigata, Sichel.	170	94	Squammulosa, Sichel.	78	4
Retusa, Lat.	172	96	*Subcærulea*, Lep.	60	
Acervorum, Lat.			*Subglobosa*, Kirby.	145	
Hawortana, Kirby.			Tarsata, Sichel.	147	77
Repleta, Dours.	128	57	Taurea, Say.	149	79
			Tecta, Smith.	93	49

Noms.	Pages.	Nos.	Noms.	Pages.	Nos.
Tricolor, Fab.	104	32	Villosa, Herr. Schæf.	101	
Tri-strigata, Spin.	136				
Tuberculilabris, Dours.	112	40	**HABROPODA.**	20	
Unistrigata, Dours.	192	113	Ezonata, Smith.	31	2
Valga, Klug.	148	78	Festiva, Dours.	33	3
Vara, Lep.	145		Zonatula, Smith.	30	1
Ventilabris, Lep.	178	100			
Vestita, Smith.	180				
Vetula, Evers.	127	56	**SAROPODA.**	195	
Vigilans, Smith.	62		*Albifrons.*	195	
Villosula, Smith.	178	99	Bimaculata, Lat.	196	1
Violacea, Lep.	88	14	Rotundata, Panz.		
Volucellæformis, Dours.	189	109	Bombiformis, Smith.	202	6
Vulpina, Kirby.	145		Byssina, Klug.	201	4
Zonata, Lep.	57	1	Cognata.	196	
Analis, Sichel.			Fulva, Evers.	200	2
Atro-cærulea, Sichel.			Humilis, Spin.	203	9
Cingulata, Lep.			Latizona, Spin.	203	7
Cincta, Fab.			Lutulenta, Klug.	201	5
Flammeo-zonata, Dours.			Nigrilabris, Spin.	203	9
Pulchra, Smith.			*Rotundata*, Panz.	196	
Vigilans, Smith			*Squalida.*	199	
			Tenella.	200	3

FIN

Amiens. Imp. de Lenoel-Herouart, rue des Rabuissons, 30.

www.ingramcontent.com/pod-product-compliance
Lightning Source LLC
Chambersburg PA
CBHW070526200326
41519CB00013B/2950